京津冀绿色发展与生态环境协同治理

王会芝◎著

天津社会科学院出版社

图书在版编目（CIP）数据

京津冀绿色发展与生态环境协同治理 / 王会芝著
. -- 天津：天津社会科学院出版社，2022.8
ISBN 978-7-5563-0834-7

Ⅰ．①京… Ⅱ．①王… Ⅲ．①区域生态环境－环境综合整治－研究－华北地区 Ⅳ．①X321.22

中国版本图书馆CIP数据核字(2022)第122337号

京津冀绿色发展与生态环境协同治理
JINGJINJI LÜSE FAZHAN YU SHENGTAI HUANJING XIETONG ZHILI

选题策划：	沈　楠
责任编辑：	杜敬红
责任校对：	王　丽
装帧设计：	高馨月
出版发行：	天津社会科学院出版社
地　　址：	天津市南开区迎水道7号
邮　　编：	300191
电　　话：	（022）23360165
印　　刷：	高教社（天津）印务有限公司
开　　本：	787×1092　　1/16
印　　张：	16.5
字　　数：	247千字
版　　次：	2022年8月第1版　　2022年8月第1次印刷
定　　价：	78.00元

版权所有　翻印必究

前　言

　　落实绿色发展理念，探索生态文明建设之路，推动碳达峰碳中和，是当前我国面临的重大现实问题。改革开放以来，我国经济社会发展取得了举世瞩目的成就，社会财富大量积累，居民收入水平、人均受教育程度均大幅提高。区域经济社会联系日益紧密，同时也面临跨区域生态恶化、环境污染等环境治理难题。党的十九大做出了"推进绿色发展"的重要部署，绿色发展理念是解决中国目前产业发展与生态环境矛盾问题的有效途径。推动区域经济绿色转型发展，完善区域生态环境治理体系，提升区域生态环境治理效能，是推进区域高质量发展的重要支撑，也是推进国家治理体系和治理能力现代化的重要内容。

　　京津冀地区是拉动我国经济发展的重要引擎。党的十八大以来，我国确立了京津冀协同发展重大国家战略，推动京津冀地区的发展向着更加均衡、更高层次、更高质量方向迈进。京津冀协同发展是探索生态文明建设的有效路径，是促进人口、经济、资源、环境相协调的需要。2015年4月30日，中共中央政治局召开会议审议通过《京津冀协同发展规划纲要》，提出推动京津冀协同发展是一个重大国家战略，强调要在京津冀交通一体化、生态环境保护、产业升级转移等重点领域率先取得突破。《京津冀协同发展规划纲要》明确提出要将京津冀地区打造成"生态修复环境改善示范区"。

　　绿色发展是京津冀协同发展的重要保障。我国区域一体化水平不断提高，京津冀协同发展已成为国家发展战略。与此同时，城市环境污染及生态恶化等问题日益突出,绿色发展问题是中国建设生态文明、构建和谐社会的迫切需要。京津冀的绿色发展任重道远,依托区域一体化实现地区间的协同绿色发展是当前京津冀地区发展面临的重大现实问题。作为推动京津冀协同发展的重要抓手,生态环保协同发展的深度和广度深刻影响着区域发展的质量和成效,是推动京津冀协同发展的关键领域。京津冀三地环境污染的区域性、叠加性、外部性与行政分割化、属地碎片化的治理之间的矛盾和冲突,使生态环境协同治理面临着困境,传统基于行政指令的协同治理是一种局部短期的合作模式,不能有效实现京津冀生态环境的协同治理。

打造京津冀全国生态文明引领区,提高区域生态环境治理效能,推动实现绿色发展,是推动京津冀协同发展这一重大国家战略的重要路径选择。构建京津冀生态环境协同治理机制,是实现京津冀协同发展的必然要求,也是实现"美丽首都圈""美丽中国"的关键之举。

正确认识京津冀绿色发展的水平和潜力,识别京津冀地区绿色发展的关键点并提出相应的对策与建议,对京津冀协同发展具有重要的意义。本书以京津冀绿色发展和生态环境协同治理为研究对象,遵循的逻辑主线为:"理论研究与现状评价→存在问题与协同;关联→绿色发展与环境治理体系问题挑战→政策保障及对策建议。"课题拟探讨京津冀绿色发展、生态环境治理以及京津冀绿色发展与生态环境耦合协同关系,对京津冀绿色发展和生态环境治理水平进行测度评价,研究京津冀绿色发展和生态环境协同治理的问题和制约因素,借鉴国际生态环境治理与绿色协同发展的成功经验,提出京津冀生态环境治理与绿色协同发展的政策选择与机制选择。主要内容如下:

一是京津冀绿色发展现状特征与水平测度。首先,探讨京津冀绿色发展和环境协同治理的现实需求和战略意义;其次,在对区域绿色发展相关概念和理论基础进行阐述的基础上,开展京津冀绿色发展水平评价与测度、京津冀绿色发展问题分析、京津冀绿色发展制约因素等研究,探讨京津冀城市群经济联系强度;最后,研究京津冀经济增长与绿色生态耦合协同程度和空间差异性。

二是京津冀生态环境协同治理评价及制约因素。梳理分析京津冀生态环境变化发展状况，探讨京津冀生态环境治理工作的进展、成效以及问题和制约因素，重点研究京津冀大气污染的历史演变特征，利用标准偏差椭圆 SDE 方法，分析京津冀地区 13 个城市大气污染的空间联动特征和空间重心转移曲线。

三是京津冀经济发展与生态环境污染联动分析。分析京津冀经济发展对生态环境的影响机制，研究探讨京津冀经济增长与环境污染的脱钩情况，以及经济增长与环境污染的动态演进关系，重点研究京津冀经济发展与大气污染影响的时空差异与影响因素，利用空间滞后模型，从经济、产业、城镇化、人口以及对外开放等视角探讨京津冀地区大气污染的空间关联性和影响效果。

四是绿色发展与区域生态环境治理的国际比较与借鉴。对国际绿色经济发展、区域生态环境治理的实践经验进行系统梳理与分析，提出我国借鉴国际绿色发展和区域生态环境治理的经验和启示。

五是京津冀环境治理与绿色发展协同推进机制。提出京津冀环境治理与绿色协同发展的对策与建议，包括产业绿色低碳转型、能源结构调整升级、城镇化绿色发展、生态环境治理协同机构、政策法规建设、市场机制、农村生态环境治理等方面的对策与建议。

目 录

第一章　绪　论 ··· 1

　第一节　研究背景和意义 ··· 3

　第二节　前期研究述评 ·· 4

第二章　区域绿色发展概念和理论基础 ······································ 13

　第一节　绿色发展相关概念及内涵 ·· 15

　第二节　绿色经济发展理论基础 ··· 16

第三章　我国生态环境污染特征与时空演变趋势 ·························· 23

　第一节　我国生态环境污染概况 ··· 25

　第二节　我国生态环境安全时空演变趋势 ······························· 35

　第三节　我国突发性环境风险时空演变与影响因素 ···················· 53

第四章　京津冀绿色经济及绿色发展评价 ··································· 71

　第一节　京津冀绿色发展状况 ·· 73

　第二节　京津冀绿色发展评价 ·· 91

第三节　京津冀协同发展的经济联系分析 …………………… 97

第四节　京津冀经济与绿色环境协调发展 …………………… 103

第五章　京津冀生态环境治理状况特征 …………………………… 111

第一节　京津冀主要生态环境问题 …………………………… 113

第二节　京津冀生态环境治理状况 …………………………… 114

第三节　京津冀大气污染治理状况 …………………………… 120

第六章　京津冀环境污染与经济发展的联动效应 ………………… 129

第一节　经济发展对环境污染的影响机制分析 ……………… 131

第二节　京津冀经济增长与环境污染脱钩情况 ……………… 133

第三节　京津冀经济发展与环境污染的联动效应 …………… 138

第四节　京津冀环境污染与经济影响的实证分析 …………… 158

第七章　国际绿色发展与环境协同治理经验 ……………………… 173

第一节　绿色经济发展的国际经验 …………………………… 175

第二节　生态环境协同治理的国际经验 ……………………… 182

第八章　京津冀环境协同治理成效与挑战 ………………………… 197

第一节　京津冀环境协同治理成效 …………………………… 199

第二节　京津冀生态环境治理挑战 …………………………… 203

第九章　京津冀环境治理与绿色发展协同推进机制 ……………… 207

参考文献 ………………………………………………………………… 226

附　录 …………………………………………………………………… 247

第一章 绪 论

第一节 研究背景和意义

落实绿色发展理念,探索生态文明建设之路,推动落实碳达峰碳中和,是当前我国和世界面临的重大现实问题。改革开放40年,我国经济社会发展取得了举世瞩目的成就,社会财富大量积累,居民收入水平、人均受教育程度均大幅提高。国家统计数据显示,2020年中国国民人均收入已突破1万美元。随着收入水平的提高,人民对美好生活的追求逐渐提高,对生态环境的质量要求也逐渐凸显。大气污染、水环境污染、土壤污染、气候变化等生态环境问题大都是跨区域的,区域协同推动生态环境治理是有效解决生态环境问题、推进生态文明建设的重要途径和必然选择。

生态环境协同治理是京津冀绿色发展的重要需求。当前,京津冀生态文明面临生态效率两极分化和环境污染两大问题。在全国范围内,京津冀地区是大气污染最严重、资源约束最大的地区之一。京津冀及周边地区空气质量优良天数比例与长三角的差距较大,细颗粒物污染浓度超国家二级标准。此外,京津冀臭氧污染浓度逐年上升且对空气污染的贡献比例显著增大。京津冀三地环境污染的区域性、叠加性、外部性与行政分割化、属地碎片化的治理之间的矛盾和冲突,使生态环境协同治理面临困境,传统基于行政指令的协同治理是一种局部短期的合作模式,不能有效实现京津冀生态环境的协同治理,因此,亟待提高京津冀地区的绿色发展水平和生态环境治理的整体效能。

京津冀三地在资源禀赋、要素投入和经济发展水平存在差异,生态环境治理形势严峻复杂,本课题旨在关注以下几个问题:一是如何确保京津冀绿色发展并衡量绿色发展效果,如何实现京津冀生态环境协同治理,是京津冀协同发展研究中亟待关注的问题。二是如何在有效治理环境和保证经济增长效率方面保持协同,是京津冀绿色发展和深化经济改革过程中面临的重要问题。三是如何设计适合京津冀绿色发展和生态环境协同治理的政策组合,为京津冀绿色发展和生态环境治理提供重要决策依据和理论支撑,是京津冀区域一体化发展需重点关注的问题。

本课题以京津冀绿色发展和生态环境协同治理为研究对象,探索分析京津冀经济增长、绿色发展、环境污染、生态环境治理之间的关联,丰富和完善城市群及区域一体化绿色发展的理论逻辑,具有一定的理论意义;课题从绿色发展和环境治理的研究视角出发,测度京津冀绿色发展水平,探讨影响京津冀绿色发展的主要短板和制约因素,提出京津冀绿色发展和环境协同治理的实现路径和政策建议,为进一步提升京津冀绿色发展水平,实现绿色发展提供可参考的依据,具有一定的现实意义。

第二节 前期研究述评

一、国外研究进展

相较于我国,欧美国家工业化进程早,其生态环境问题暴露早,相应的,其在环境治理防范的理论、制度和实践等方面的研究都相对系统与完善。从其管控实践的演变来看,大多经历了从重大事故应急向全过程防控的转变。国外的研究主要集中在健康及生态环境综合评估体系及应用、宏观层面的环境治理防范体系构建及生态环境治理与风险防范立法完善三方面。

一是健康及生态环境综合评估体系及应用研究。在长期的基础研究和实践探索的基础上,欧美国家建立了相对完善的健康及生态风险综合评估体系,并且成熟地应用于污染场地、化学品及溢油事故等领域的风险评估中。目前发展较为完善的健康及风险评估框架,主要是世界经济合作与发展组织和美国环保局制定的健康和生态风险综合评价框架以及欧盟(2003)出台的健康和生态风险综合评价指南。需要强调的是,欧盟等发达国家环境风险评估的结果是其确定环境基准的科学依据,而标准又是基于环境基准制定的,可以说欧美国家的环境风险管理实现了风险管控与环境管理之间的有效衔接。

二是宏观层面的环境治理防范体系构建研究。生态环境风险的管理涉及诸多领域,比如安全、环境、农业、食品等方方面面,因此国外生态环境风险的管理由多部门协同合作开展。以美国为例,美国联邦政府中负责环境风险评价与管理工作的部门主要有国家环境保护局、食品与药品管理局、农业部以及商检局4个机构。另外,针对风险涉及的主要主体企业及公众制定了较为细致的法律或行之有效的制度。如对于特定设施的企业或经营者,美国国家环境保护局要求其准备和实施风险管理计划(RMP)。针对公众,美国尽量以立法的形式保障公众对于环境风险的知情权。另外,美国以环境责任保险为核心的经济措施也较为完善,可以有效减少企业及公众在风险中的经济损失。

三是生态环境治理与风险防范立法完善研究。为有效应对环境风险,欧盟及美国形成了一套完整的且具有自身特点的环境风险防范法律法规体系。生态环境风险的防范是欧盟环境保护中的重要原则之一,欧盟对环境风险的防范起源于对健康风险的重视,进而逐渐过渡到环境领域。欧盟对环境风险的防范最早见于其在2000年出台的《关于环境风险防范原则的公报》,此公报的出台,为生态环境风险的防范,尤其是评价提供了切实有效的指南及依据。此后,2007年的《化学物质注册、评估、授权和限制条例》,以及后续对于工业活动风险管理的一系列赛维索指令和相关准则以及《工业活动的重大事故指南》都有效降低了工业事故造成的环境风险。与欧盟针对环境风险防范的法律法规体系不同,美国主要通过完善与环境风险相关的基础性法律法规来实现境内环境风险的防范,如《清洁水法》《清洁空气法》《有毒物质控制法》《应急规划和社区知情权法》《综合环境反应、赔偿和责任法》(俗称《超级基金法》)等,以及在此基础上形成的一系列的导则和指南,都涉及环境风险的防范和管理。

国外对环境污染物尤其是大气污染的关注和研究始于20世纪50年代。"伦敦烟雾事件"后,英国政府出台了世界上第一部空气污染防治法案《清洁空气法》,关注工业生产对空气质量的影响。洛杉矶烟雾事件后,美国政府于1963年出台了美国第一部空气污染防治法案《清洁空气法》,并在之后几十年里不断对法案进行修订。1985年美国将颗粒物污染纳入污染排放标准,1997年规定了细颗粒物$PM_{2.5}$的标准限值。在对大气污染尤其是颗粒物污染研究方面,欧美国家开展研究较早,研究范围和研究成果也较为丰富。研究人员主要针对以下几个方面展开研究。

一是环境污染尤其是大气污染的成分、来源等。萨旺特(Sawant,2004)等对美国加利福尼亚州$PM_{2.5}$的化学成分进行分析,认为有机碳是该地区颗粒物污染的主要原因。

二是针对大气污染与经济发展等方面的研究逐渐显现。国外学者引入最优化理论研究了经济增长与大气环境污染的关联性。格鲁斯曼和克鲁格(Grossman,Krueger,1991)首次对空气质量与经济发展之间的关系进行研究,认为空气污染与人均收入存在"倒U"型曲线关系。潘纳约托(Panayoyou,1993)等在库兹涅茨曲线的基础上提出了著名的"倒U"型环境库兹涅茨曲线(EKC),认为环境污染与经济增长呈现"倒U"型关系。随后,谢尔顿(Selden,1994)等、潘纳约托(Panayotou,2000)等人对环境库兹涅茨曲线进行了验证。布埃恩(Buehn,2013)等人构建了大气污染指标,验证了$PM_{2.5}$、PM_{10}(可吸入颗粒物)等大气污染物和人均收入之间的库兹涅茨曲线关系。夸合(Quaha,2003)等以新加坡为研究对象,通过经济学的分析方法,建立了污染颗粒物对经济发展影响的函数模型,得出1999年新加坡的大气污染带来的经济损失为当年GDP的4%以上。也有部分学者认为,经济发展与环境污染存在"倒V"型关系,杰格(Jaeger,1998)采用静态优化模型,得出经济增长与污染之间存在"倒V"型关系,认为达到阈值后,绿色低碳技术的应用普及使经济发展带来污染排放的减少。

三是大气污染物的治理研究方面,主要采取市场手段,如环境保护财政税收政策、排污权交易等措施,通过可计算一般均衡模型分析了大气污染治理的经济手段。如,费伦(Ferran,2010)等人研究了征收资源税时实现"双重红利有效性"的关键指标,认为劳动与资本之间的替代弹性是能否实现目标的关键。格兰特(Grant,2014)等人建立了能源—经济—环境模型,分析了苏格兰征收碳税可能对碳排放量以及经济发展产生影响。

二、我国相关研究

目前国内相关研究主要涉及生态环境污染及风险形成机理、不同地理尺度上生态环境污染及风险综合评价、不同生态环境要素的健康风险评估、环境治理与风险防控体系构建等方面。

关于生态环境污染及风险形成机理研究。目前学术研究领域中,环境风险与生态风险是相对独立的概念,环境风险指的是在人类的活动或者在人类活动和自然运动的共同作用下,通过一定的环境媒介所传播的,并且能够对人类的社会以及人类的生存、发展所需要的基础性环境造成破坏、损害以至于毁灭性的作用等不良后果的一种事件的发生的概率。生态风险是指在一定区域内,具有不确定性的事故或灾害对生态系统及其组成可能产生的损伤(周平,2009)。目前,国内诸多学者从不同角度对我国生态环境风险的形成机理进行了研究。除了从经济发展角度探究某一时段经济增长或发展方式下区域生态环境风险形成机理,比如经济一体化背景下区域生态环境风险形成机理机制的研究(戚玉,2015),越来越多的学者开始注重从社会发展和转型机制(洪大用,2001),以及各个深层次的社会文化(陈阿江,2012)、社会制度和心理因素等方面来探究我国社会经济发展及转型阶段生态环境风险形成的机理。此外,包智明和陈占江(2011)尝试通过在全球语境下深入剖析中国与西方经验的区别与联系,诠释了中国环境风险背后的社会机制和环境治理困境。总的来说,目前对中国生态环境风险形成机理的研究,已经超出了传统的环境学、经济学等领域的范围,开始向更深层次的社会学、文化学领域延伸,且在时间和空间上也越来越注重在历史演变和全球一体化格局下探究风险形成的机理及过程。

关于不同地理尺度上生态环境污染及风险综合评价研究。目前关于生态环境风险的评价,在地域范围上涉及从企业到流域等不同尺度的研究。除针对传统的典型的化工企业(蒋文燕等,2010)及化工园区(尹荣尧等,2011)外,区域、流域也逐渐成为生态环境风险评价的主要评价对象,尝试在区域或流域等较大尺度上对区域的生态环境风险进行全面评价和差异化管理(董文平等,2015;邸惠等,2017)。

关于不同生态环境要素的健康风险评估研究。目前关于生态环境风险评估的研究,除综合评价外,另一研究热点为健康风险评价,评估的重点在土壤或水体中重金属污染的健康风险(王若师,2012)。另外,近年来由于重污染天气事件的爆发,越来越多的学者开始关注高浓度 $PM_{2.5}$ 暴露的急性健康损害风险(谢元博,2014;李友平,2015)。

关于突发环境事件应急管理的研究。突发环境事故频发,尤其是重大环境风险会对生态环境安全、公众安全健康及社会稳定造成巨大损害,因此,突发环境事件一直是环境风险研究的热点与重点,相关研究主要集中在评价体系和模型及管理体系和制度等方面。在评价体系和模型方面,贾倩等(2010)针对石化企业,构建了一个包括企业布局、管理、生产在内的评价指标体系及相应的风险评价模型。在管理体系和制度构建方面,国内学者分别从分级管理体系(贾倩,2010),综合管理制度改善(赵艳博,2009),应急预案管理制度(王鲲鹏,2015)和方法(边归国,2013)改善等方面进行了深入研究。

关于生态环境治理体系的研究。生态环境治理防范需遵守一定的原则,即每个国家均应以保护环境为目的,在各自能力范围内普遍采取预防性的方法。目前,生态环境治理与风险防范体系的构建逐渐在学术领域引起重视,相关研究主要集中在防范体系的构建及相应的政策法规的完善等方面。在防范体系的构建上,王金南等(2013)提出了"四维一体"的国家环境防控与管理体系;毛剑英等(2011)强调从决策源头、宏观战略层面通过产业空间布局及结构、规模优化来降低环境风险。曹国志(2016)从完善法律法规体系、健全环境治理体系、加强全过程管理机制建设、强化基础支撑能力建设等方面,提出构建高效的环境风险防范体系。制度保障方面,祁洁等(2009)提出了构建环境风险防范法律制度的具体思路;卢少军(2012)从法理和制度角度澄清和探索了我国环境风险防范的现状,指出了环境风险防范制度建构的关键性问题,边归国等(2015,2016)研究了建设项目环评中如何从评估方面加强环境风险防范。

近年来,京津冀地区主要关注大气污染治理问题的研究,尤其是有关细颗粒物污染的前期研究主要从物理化学、气象地理和生态科学等角度展开,针对PM2.5的成因来源、扩散影响、健康效应、时空分布、治理政策措施等(孙华臣,2013;任保平,2014;薛文博等,2016;张秀芝 2017;黄德生,2013;高会旺等 2014;李斌等,2014;陈诗一等,2018)进行了大量的研究。另有一些研究从空间和经济学角度展开探讨,而有关大气环境污染的经济学原因、污染治理与经济影响方面的研究相对较少。当前针对大气污染的经济学研究,主要包括以下几个方面:

一是环境污染与经济增长的相关研究。这一研究主要集中在方法学的研究和区域性实证研究两个方面。在研究方法上,主要通过传统的最小二乘法对环境污染与经济增长的关系进行研究。例如,陈妍等人(2007)通过对北京人均国内生产总值与二氧化硫排放情况的相关性分析,证明北京经济增长与大气污染之间存在"倒U"型曲线关系。林伯强等人(2009)研究了人均国内生产总值与碳排放之间的关系,研究表明,经济发展与二氧化碳排放之间存在"倒U"型曲线关系。也有部分研究认为EKC假设是不存在的。比如,马丽梅等人(2014)采用中国省份面板数据,分析中国大气污染与环境发展的关系,结果表明,当前我国大气污染与环境发展暂不存在"倒U"型曲线关系。徐文成等(2015)通过建立省际动态面板数据模型,分析了经济增长、环境治理对环境质量改善的潜在影响,得出结论:经济增长与污染排放之间不存在固有的"倒U"型关系。臧传琴等(2016)通过对我国环境数据的分析研究,得出结论:我国经济增长与环境污染之间不存在明显的"倒U"型库兹涅茨曲线特征。在区域性研究上,主要针对我国省级层面的经济与不同环境污染物之间的关系进行研究。例如,黄菁等人(2011)将环境污染、环境治理分别引入生产函数和效用函数,分析了经济增长与环境污染与治理的关联性。白雪洁(2019)通过对我国30个省市经济发展和能源消费等方面进行关联性研究,得出结论:环境规制和工业发展对空气质量的影响具有较强的省份异质性。

二是环境污染的经济学诱因和影响因素研究。主要探讨经济发展因素对环境污染的影响。重点分析经济增长、能源消耗、产业发展、城镇化发展、人口结构等因素对环境污染的影响。例如,邵帅等(2019)以灯光复合指数作为省域城市化水平的测度指标,从城市化的集聚效应、技术效应、产业结构效应和能源结构效应等方面研究了城市化对大气污染的影响。童玉芬等(2014)探讨了城市人口增长与环境污染的相互作用机制,裴辉儒等(2018)通过空间计量模型检验了外商投资与 $PM_{0.5}$(指粒径小于 0.5 微米的大气颗粒物)的空间效应和相关性。也有研究从能源效率、产业结构、城市化、人口结构及等因素探讨经济发展因素对大气污染产生的影响。例如,王超等(2019)采用灰色关联分析法对邯郸市空气质量与相关经济因素进行分析,研究发现,能源消耗量、工业增加值等与大气污染显著相关。郭一鸣等(2019)对我国 20 个城市群不同发展阶段环境污染与土地城市化、人口城市化、能源消费和技术进步等影响因素的相关性进行分析,探讨不同经济因素对城市群环境污染的影响方向和影响强度。

三是环境污染的经济损失方面的研究。大气污染作为环境污染的一个分支,其经济损失一直是经济学研究的重点问题之一,大气污染对人类健康的损害也是大气污染研究的重点之一,该类研究以人力资本法、支付意愿法和疾病成本法为主,以健康作为价值导向计算经济效益,测度环境治理政策对健康、社会福利等的影响,研究范围以国家、省或者城市为主,主要通过计量分析方法,评估污染对人群健康经济损失问题(谢元博等,2014;庞闰枝,2018),研究结果在一定程度上反映出疾病的经济损失,但是并不能代表城市或者地区的社会经济损失,如庞闰枝(2018)利用暴露反应关系和疾病经济负担模型,对我国大气污染造成的健康经济损失进行了测算研究。

四是环境污染的空间关联性分析,主要基于国家层面和大区域层面,将空间统计技术与计量经济学方法拓展应用到环境污染领域,探讨污染的时空特征和空间联系。例如王自力等(2016)和李欣等(2017)分别分析了我国和我国长三角地区大气污染的空间效应和影响。

五是环境污染防治的经济政策和措施研究。环境污染防治相关研究多侧重于创新技术方法的应用和单个技术层面的量化效果,也有研究关注污染治理的经济政策和治理措施等方面。例如,薛俭(2013)探讨了京津冀联防联控治理二氧化硫的效果,研究表明,京津冀三地合作治理可显著降低污染治理成本。任保平(2014)从能源结构、经济发展方式等方面分析了大气污染尤其是颗粒物污染形成的经济机制。王洛忠等人(2016)探讨了京津冀污染协同治理的困境和挑战,提出构建跨行政区合作的治理模式。此外,一些研究从经济政策角度出发,探讨了当前我国大气污染治理的规划措施。例如,王旭光等人(2013)通过对我国大气污染的成因、影响等数据进行分析,提出污染治理的经济措施。贾康等人(2013)认为经济发展是环境污染的主要原因,防治环境污染应充分运用经济手段和财政措施。秦萍(2014)等探讨了通过征收环境税、拥堵费,以及改善交通系统和出行方式等改善交通尾气污染的可能性。针对京津冀污染治理的相关研究,近年来主要探讨了区域协调发展、产业转移与区域生态污染补偿等方面。马丽梅(2014)采用空间计量模型对大气污染的空间联动性和溢出效应进行分析,认为煤炭能源消耗与污染程度呈现正向相关作用,应着力改变能源消费结构。李云燕(2016)通过实证研究了京津冀污染的时空变化特征,从法律规章建设、经济能源结构调整、环保技术创新等方面提出京津冀污染治理的对策建议。以大气污染为例,我国从 2012 年开始关注大气污染治理相关研究,近年来整体呈现出上升趋势,2014 年研究论文成果为 266 篇,为近年来发文最高的年份,2014—2017 年保持在 200 篇以上,2018 年开始呈现下降趋势,这也与我国大气污染尤其是京津冀大气污染得到有效治理和缓解密切相关。从研究层次分布来看,大气污染治理研究主要涉及政策研究、应用研究、工程技术、技术开发、管理研究等领域。从研究主题分布来看,大气污染治理多关注大气污染、京津冀、治理对策、大气污染成因方案等。

综合来看,国内外学术界对环境污染治理问题已经进行了一些研究,包括理论总结、方法探索和实证研究,为本课题的进一步开展奠定了坚实基础。但我国现有研究主要将单一环境污染因素作为研究对象,研究污染的危害,并主要从技术层面提出治理的对策措施。对于环境污染尤其是颗粒物污染的形成和治理的研究,以气象学和环境科学为主,经济学领域则更多处于起步研究阶段。首先,已有研究注意到经济因素对研究大气污染问题的重要意义,已经开始涉及城市化、人口以及产业结构和能源结构对污染形成的影响,但多是基于单因素探讨,实证研究较少,缺乏对经济发展这一动态过程及经济政策的深入剖析。其次,污染的经济影响主要集中在经济损失方面,较少从经济学、地理空间分布等角度考量污染与经济发展的相互联系及影响,从宏观层面、经济发展角度考虑污染治理政策效果的研究也相对较少,这是当前亟待研究和解决的重点问题。最后,尽管很多研究者呼吁跨学科研究的重要性,但实际研究中仍然缺乏跨学科合作与交流。

第二章　区域绿色发展概念和理论基础

第一节 绿色发展相关概念及内涵

绿色经济是一种兼顾经济增长与生态环境保护的可持续发展的经济增长模式。1986年,英国环境经济学家大卫·皮尔斯(David Pearce)在其著作中首次提出绿色经济的概念,认为经济增长要与社会发展、自然资源和生态环境协调发展。绿色经济的核心是实现经济增长与自然资源消耗、环境污染的不断脱钩。通过构建绿色经济体系,建立绿色产业,实现经济可持续发展。

学术界对绿色经济的认识是一个不断丰富、不断深化的过程。绿色经济从相关概念理念的提出到现在经历了三个阶段。

第一阶段是20世纪90年代至21世纪初期,该阶段绿色经济主要以生态环境保护为目标导向。学术研究主要讨论了如何采用经济手段进行生态环境保护,比如通过激励政策、补偿措施、技术创新等加强生态保护和环境污染治理,主要从末端治理转移到绿色化、清洁化生产过程,是传统生态环境保护的前端延伸。

第二阶段是2010年前后几年,该阶段以经济增长—生态环境保护为目标导向。2008年全球经济危机之后,发达国家注重绿色经济转型发展,将绿色发展延伸到生产—流通—消费等领域,从被动的末端生态环境治理与清洁生产延伸到绿色投融资领域,强调全链条绿色发展,各国相继出台了不同的绿色经济政策。

第三阶段是2010年至今,该阶段以经济增长—生态环境保护—社会发展为目标导向。2010年,联合国将绿色经济定义为"为人类带来福祉和社会公平,同时能够减少生态环境风险和增加生态供给的经济",将绿色发展延伸到社会公平领域,关注社会层面对绿色发展的获得感和满足感,认为绿色经济是一个融合了经济、社会和环境三方面的多层次问题,这是绿色经济深层次的变革。

绿色经济主要包含两个方面的内涵。一是绿色经济应该是"绿色的经济"，即实现经济增长与生态环境保护协同共进的局面，经济发展的过程中，通过制度创新、技术发展、新能源利用、绿色发展意识等不同领域的进步，提高全社会绿色生产率的。二是绿色经济应该是"人文的经济"，将对绿色生产、绿色生活、绿色消费等不同领域的绿色感受作为经济增长的重要指标，重视绿色幸福感和人文发展水平的不断提升。

第二节 绿色经济发展理论基础

一、区域经济理论

区域经济学理论是在经济地理学、空间经济学、区位学等理论的基础上演化发展而来的。其中，区位理论和经济发展理论是贯穿区域经济理论发展的主线。

宏观层面上来看，不同经济主体的理性区位选择，使区域间不同城市的经济发展不平衡、不均衡，经济出现集聚发展和扩散效应，从而影响了整个区域的发展。区域经济发展主要通过产业结构和空间分布体现出来，区域产业结构通过不断的升级和高级化转变推动区域经济发展，区域产业结构的演变趋势主要体现在从第一产业为主转向第二产业为主，继而向第三产业主导的产业结构形态演变发展，通过产业结构的优化升级，区域产业整体集聚发展，充分激发区域的产业链、价值链。经济主体的理性区位选择，主要表现为产业的集聚发展和城市的聚集或者中心效应，即产业集群效应。产业集群效应通过产业在一定地理空间的集聚发展，规模和结构的壮大与升级，形成区域产业发展的比较优势。在空间形态上，区域经济发展主要遵循从增长极到增长点轴，再到多中心网络发展的模式。一般来说，增长极主要是经济发展水平和发展规模都具有优势的城市，比如京津冀区域的北京和天津等地,两地依靠政治、科技、文化等优势,对区域内的其他地区产生了较强的虹吸作用,从而成为区域的增长中心点。同时,区域经济的发展也会在增长极的基础上演化成点轴发展模式,区域发展中增长极通过交通、科技、人才等带动周边城市的发展,点与点之间形成发展轴线。最后,在点轴发展的基础上,区域继续演化发展成为多中心多节点网络经济模式,从而带动整个区域的协同、全面、多层次的发展。从微观层面来看,劳动力、技术、资金以及营商环境等是影响区域经济发展的重要因素,区位条件、资源禀赋等也是影响区域经济发展的重要方面,比如我国东部地区具有陆地和海上的交通优势,沿海地区具有海洋资源优势。人口数量和人口结构也影响区域经济的创新能力和劳动力整体水平,人口的质量越高,受教育程度和创新能力越高,区域经济发展的动力就越强大。此外,资本也能推动区域经济的持续快速发展,资本通过吸引更多的产业集聚和劳动力集聚,提升区域的生产效率和总体经济效益。

二、可持续发展理论

1987年世界环境与发展委员会发表《我们共同的未来》,明确提出可持续发展的内涵,即"可持续发展就是既满足当代人的需求,也不对后代人满足其需求的能力产生威胁的发展",自此,可持续发展成为全世界发展的共识。可持续发展理念是以经济、社会、人口、资源、环境五大领域相互协调、相互促进的发展,可持续发展重视长期的发展公平性,既考虑到当代人发展的需求,也不损害后代人发展的需求,既要考虑到资源能源的代际公平利用,又要考虑到经济社会的全面可持续发展。

可持续发展理念的一个重要议题就是产业结构调整与优化升级。产业结构是经济发展水平和发展质量的重要指征,践行落实可持续发展理念,就需要将绿色理念贯穿到产业结构调整与优化升级的全生命周期和安全环节中,产业结构的调整不只是产业结构的高级化和合理化,更多是在生态环境保护和资源能源节约利用过程中实现产业的绿色可持续发展,不断提升科技创新水平和能源消费效率,开发绿色产品和推动绿色消费,推动区域间绿色可持续流动和区域绿色协调发展。

可持续发展理念的另一个议题是空间结构的调整与优化。区域空间可持续发展是"生产空间、生活空间、生态空间"三生空间的协调共生。科学、合理、有序的空间结构,包括高效便捷的生产空间、居住与生活空间,畅通的物流、信息流和人员流,以及和谐合理的生态空间。优化空间格局是践行可持续发展的重要方式,空间结构的可持续发展能够通过空间的高效利用节约生产成本,提高生活便捷度。

三、低碳经济理论

气候变化问题已经成为人类社会共同面临的严峻挑战,温室气体不断排放导致海平面上升,对人类社会经济、自然环境及生态系统造成破坏,对生命系统形成威胁。人类活动产生的温室气体主要为二氧化碳。工业革命以来,传统的高耗能、高污染、高排放的粗放式发展方式导致二氧化碳排放量不断上升。金奇希(Kinzig)和卡门(Kammen)首次提出"低碳经济"概念。2003年,英国发布《能源经济白皮书》,认为低碳经济是一种以低碳技术应用和新能源开发利用为标志,在减少资源能源利用和污染物排放的基础上,实现经济持续增长的经济,提出在2050年之前,英国的碳排放量控制在1990年的40%以内。英国是世界范围内首次提出发展低碳经济的国家。

我国的"十四五"规划和2035年远景目标纲要明确指出,要加快推动绿色低碳发展,到2035年,广泛形成绿色生产生活方式,碳排放达峰后稳中有降。我国提出提高国家自主贡献力度,采取更加有力的政策和措施,二氧化碳排放力争于2030年前达到峰值,努力争取2060年前实现碳中和。实现"双碳"发展目标是我国面临的一场史无前例的绿色革命,是推动高质量发展的内在要求,它不仅倒逼国内能源转型,也将促进产业结构深度调整,带动经济增长方式和人民生活方式的重大转变,是一个系统性、战略性和全局性极强的重大理论和实践问题。坚定不移推动"双碳"发展,在科学统筹、有序推进中实现高质量发展,既是当前夯实我国经济发展基础、应对内外部风险挑战的重要战略抉择,也是今后推动落实碳达峰碳中和的指导方向和根本遵循。

碳达峰碳中和是生态文明建设的重要体现。碳达峰碳中和是深刻把握新时代我国人与自然关系的新形势、新矛盾、新特征,从国家发展的宏观视角、长远战略出发,对统筹经济社会发展和生态文明建设提出的新承诺、新要求。把碳达峰碳中和纳入生态文明建设整体布局,进一步丰富和发展了生态文明体系,彰显了我国坚持绿色低碳发展战略的决心。碳达峰碳中和也是反映和体现生态文明建设成效的试金石,是"绿色青山就是金山银山"生态文明理念融入经济社会发展的重要桥梁。

碳达峰碳中和彰显构建人类命运共同体的中国担当。气候治理问题已经成为人类社会共同面临的严峻挑战,全球气候变化引发的环境危机与国际政治经济问题已经成为全球治理的重大难题。实现"双碳"目标,是党中央从中华民族永续发展和构建人类命运共同体的高度做出的重大战略决策,是我国向世界做出的庄严承诺。作为全球第二大经济体,中国积极参与全球气候治理,2020 年碳排放强度比 2005 年降低 48.4%,提前超额完成应对气候变化的行动目标。与发达国家相比,我国是在人均 GDP 相对较低、所用时间较短的情况下提出碳达峰碳中和目标,彰显了我国积极应对全球气候挑战、共同保护地球家园的雄心和决心,展现了我国引领全球经济实现绿色复苏、推进气候治理合作行动的大国担当。中国通过落实全球气候变化治理实现碳达峰碳中和,为全球生态建设和环境治理贡献中国智慧和中国方案,在推动全球气候治理体系和塑造全球秩序上做出重要示范。同时,中国的生态文明和绿色低碳转型成果经验和可持续发展路径也为广大发展中国家带来希望、提供借鉴,为进一步构建人类命运共同体、共建清洁美丽世界做出贡献。

碳达峰碳中和促使经济绿色低碳转型。落实碳达峰碳中和目标,要求加快形成节约资源和保护环境的现代化产业体系,推动传统产业绿色低碳转型升级。构建安全高效的能源体系,不断提高资源能源利用效率,降低能耗强度和碳排放强度。形成以绿色低碳为特征的工业、交通、建筑和消费模式,促进生产方式和生活方式全面绿色转型。同时,碳达峰碳中和要求健全我国碳排放权、排污权、用能权等权益的市场化建设,助力绿色金融的发展壮大,进而实现全社会产业链的绿色化、低碳化,为经济社会的全面绿色低碳转型注入紧迫意识和牵引动能。

碳达峰碳中和赋能科技创新发展。我国经济发展与碳排放存在强耦合关系,实现经济社会发展与碳排放逐渐"脱钩",意味着我国在产业结构、能源结构、技术变革、环境市场等方面需要同时进行深化改革,这需要技术储备和科技创新的强大支撑。落实"双碳"目标,为加快推动绿色低碳技术、新能源开发利用、碳减排技术、碳捕捉碳封存等领域的技术创新与示范推广提供了巨大的机遇和发展空间。创新生态系统的共生演化,会形成以"双碳"技术的创新发展为引领,加速带动其他领域的科技创新。

碳达峰碳中和助力国内国际双循环发展。我国产业结构和能源结构的低碳转型发展,既有助于解决国内供给侧与需求侧的平衡,也有助于推进世界经济的发展和能源结构的改善,降低世界对传统能源的依存度,推动世界能源消费革命进程。中国经济绿色低碳转型发展将形成强大的绿色低碳市场需求,这将为国内和国际市场带来巨大的绿色投资和绿色贸易机会,加快国内外绿色低碳转型发展。我国加大低碳科技成果的研发和转化应用,将会降低对附加值较低产品的需求,增加出口产品的附加值,提高我国在全球经济产业链中的地位。

碳达峰碳中和加速推动社会转型发展。全民参与、全民建设、全民共享是通向碳达峰碳中和的必由之路。应对气候变化,不仅是政府和企业的行为,每个人在衣食住行用等日常生活中也要行动起来,减少一次性物品耗费、推动绿色出行、施行垃圾分类、挖掘减排潜力。传统的生活方式将不断改变,绿色生活方式将逐步形成。适度消费、节俭消费、低碳消费、安全消费的习惯不断定型,绿色饮食、绿色出行、绿色居住将成为人们的自觉行动。低碳生活不断引导社会发展向绿色生活行为、绿色服务体系、绿色社会治理的纵深发展。

四、循环经济理论

20世纪60年代,美国学者鲍丁提出"宇宙飞船经济理论",将地球比作太空中的一艘宇宙飞船,船内有限的资源将随着人口和经济的无序增长而耗尽,同时人类生产、生活和消费过程中将产生污染飞船的废料,从而对飞船内乘客的生产生活产生影响。"宇宙飞船经济理论"首次提出以"循环经济"代替"单程式经济",以解决经济单向无序发展模式带来的自然资源约束、生态破坏和环境污染等问题。20世纪70年代,罗马俱乐部在《增长的极限》中,提出人类经济社会的增长是有限的,不可能无限持续下去,阐述了经济增长与自然生态环境的关系,为可持续发展理论的提出奠定了一定的基础。20世纪90年代,英国经济学家皮尔斯(Pearce)和图耐(Turner)在《自然资源与环境经济学》一书中,首次使用"循环经济"这一概念,对循环经济中的质量守恒定律做了较为系统全面的阐述。毛如柏(2003)提出,循环经济是资源得到充分的循环利用,是一种"资源—产品—资源"式闭环反馈经济活动。

循环经济将自然资源利用、生态环境保护与经济发展有机结合起来,以可持续发展理念为核心,以循环综合利用为主要方式,减少经济活动中物质资源的使用,实现资源节约利用和污染物减排协同效果,推动经济绿色转型发展。一般而言,循环经济主要以"减量化、再利用、资源化"为行为原则(简称"3R"原则)。其中,减量化原则主要从源头进行控制,要求从生产的源头输入端减少自然资源、能源和物质的使用,即采取预防而非末端治理的方式减少污染物的排放;再利用过程进行控制,要求尽可能多次或者多种方式使用物质和能源,延长产品和服务的使用频率和使用时间;资源化主要从末端进行控制,要求输出端对废物进行处理,使其能够再次得到利用,比如废品回收利用和废物的综合利用。

循环经济包括宏观、中观和微观领域的循环。宏观意义的循环经济主要为社会层面的大循环,即物质在社会范围内的循环生产、利用,在整个社会层面实现物质资源的循环利用。中观意义的循环经济主要为区域或者园区层面的中循环,一般以工业园区的形式存在,园区内上下游企业的原料、副产品和废物可以相互循环利用,互为循环生产的上下游关系,这样既减少了物质能源的使用,又减少了环境污染物的排放,同时减少了废弃物的处置费用和流程,实现经济效益与生态效益的双赢。微观上的循环经济主要为企业层面的小循环,即单个企业的内部物质能源的循环利用。

第三章 我国生态环境污染特征与时空演变趋势

第一节 我国生态环境污染概况

伴随着经济的高速发展与城市化进程的推进,目前我国生态环境污染与风险防范的形势严峻,突发环境事件高发,关系群众健康、生态安全的环境问题集中显现,对国民经济、社会健康的发展以及生态环境的保护构成不可忽视的威胁。当前对于生态环境的研究大致分为两种:第一种研究是直接探讨某种或某些污染物对生态环境造成的直接影响,按照不同的研究目的和研究对象,将生态环境污染具体分为水、大气和土壤等环境要素现状的环境污染以及对生态建设造成影响的生态破坏。第二种研究则关注如洪水、温室效应、山体滑坡等自然活动对生态环境造成的间接影响,该类研究倾向于讨论不同自然活动的情景下,当地的生态环境可能遇到的危害是什么,和可能造成的风险程度的高低。

综合前人相关研究,本研究将导致生态环境污染的直接因素和间接因素相结合,将我国生态环境问题按照特征属性分为生态破坏、环境污染、资源风险以及气候地理问题。接下来将对我国生态环境的分类特征进行总结分析。

一、生态破坏问题

生态破坏主要指生态系统中由于自然变化和人类活动导致生态系统功能受损。学界对于生态破坏的相关研究,多关注于污染物或有害物质在食物链之间的传播,分析污染物在食物链富集效应下对整个生态系统可能产生的影响(Catherine et al.,2013)。生态破坏不聚焦于单一的环境要素,而更倾向于研究污染物在生态系统中的具体转移路径和可能涉及的相关物种。生态环境防控与管理也更倾向于在不同生态系统分析出不同污染物的浓度阈值,从而对整个生态系统中某一污染物的存在状态进行判断。在减轻污染物危害方面,生态风险的相关研究多尝试使用生物的手段,对污染物在食物链中的传播途径进行阻隔或进行减毒。有关生态破坏的研究多按照生态系统类型进行分类,如河流生态系统、农田生态系统和森林生态系统等(Buchanan et al.,2017;Grung et al.,2015;Hodson et al.,2020)。

我国自然生态系统复杂多样,不同生态系统分布的空间跨度广、差异大,使得我国的自然生态系统较容易受到人类行为的干扰,生态系统的稳定性较低,整体状态较为脆弱。当前我国面临的生态破坏及风险问题主要包括以下几个方面:一是生态系统脆弱。我国属于世界上生态环境脆弱的国家之一。由于气候与地理条件的原因,形成了一系列生态脆弱区。我国的生态系统退化较为严重,人与自然矛盾突出。具体而言,我国生态环境高敏感区域占国土面积的40.6%,生态环境脆弱区域占全国面积的60%以上。在我国西北部,黄土高原属于半干旱地区,其中的森林和草地质量低下,并且局部生态系统质量仍然在下降。西南地区的山区和青藏高原的高寒地区同样面临严重的生态系统退化风险。二是土地退化问题严重。当前我国面临的最严重的土地问题是水土流失、土地沙漠化和石漠化。随着治理工作的开展,我国土地退化的面积和严重程度均有所下降,但土地退化问题仍是我国面临的重要环境问题。具体分析,首先是水土流失较为严重。水土流失主要出现在黄土高原以及云贵川的局部地区。目前水土流失现象有所缓解,与2000年相比,水土流失面积减少了5.6%。其次是土地沙化问题。当前我国的土地沙化主要是重度沙化和中度沙化,沙化地区多为西北部,包括新疆、西藏和内蒙古。近年来,除局部地区沙化程度仍在加强以外,以内蒙古东北部、黄土高原西部和新疆北部为主的地区沙化程度有所减轻。最后是石漠化问题。我国的石漠化问题主要发生在西南部地区,以贵州、云南、广西、四川、湖南、广东、重庆和湖北八个省、直辖市为主。近年来,云贵地区的石漠化程度明显降低,其余地区仍有加重现象。三是流域生态破坏严重。我国的河流生态系统主要面临的问题包括:河流断流、湿地丧失及废水排放显著,这些问题会导致我国水环境受到污染、生态系统多样性减小并降低水体生态系统的功能。在我国,主要受到污染的水体为长江流域、黄河流域和海河流域。其中,长江流域主要面临的问题是自然湿地的丧失、水土流失严重、生态系统质量低下和泥石流等自然地理灾害。这些问题会导致长江流域的水体河道频繁改道,影响周边的湖泊生态系统,进而影响生态系统的多样性。黄河流域水体所面临的问题是我国水利生态系统中最严重的问题,由于黄河流域途径黄土高原地区,植被覆盖面积较差,仅有7.4%的优和良性森林覆盖。同时,黄河流域地区水资源开发程度大,导致流域河流断流的情况越来越多,断流面积和断流河道长度不断增加,加剧了黄河流域生态环境的不稳定性。海河流域所面临的问题和黄河流域的问题相似,均为水资源的过度开发引起的地下水位降低和生态系统质量下降。近年来,海河流域的水土流失面积高达30.7%,水资源开发程度达到98%,这些都严重影响了该流域的地下水环境。

党的十八大以后,我国开始关注环境保护问题,实施了一系列如退耕还林还草等相关政策,这有利于我国三江源地区生态环境的恢复。同时,随着经济社会的发展,我国环境主要面临的问题也逐渐从农业开发所导致的生态问题,逐步转向由工业发展和城镇化建设所带来的生态环境问题。

二、环境污染问题

环境污染及风险,指由于自然原因或人类活动所引起的,能通过环境介质传播的,对人类社会及自然环境产生破坏、损害及毁灭性作用的环境污染事件发生的可能性。环境污染及环境风险具有复合性、累积性、周期性长以及潜伏性等特征。1985年,国际莱茵河保护委员会提出的预警报警计划,使环境风险事件开始受到关注。1989年,联合国环境规划署提出的"地区紧急事故的意识和准备"(APELL计划),为突发性环境风险的防护奠定了基础。随后,发达国家开始重视环境污染风险问题,并逐步建立相应的环境预警系统,如1992年多瑙河流域事故预警系统(DAEWS)的建立。国际环境问题科学委员会(Scientific Committee on Problems of the Environment,简称SCOPE)对环境风险的解释分为两种:一种观点认为风险或多或少是危险的同义词,即产生不利后果的事件或行为。在这种观点中,风险程度与其概率和后果的大小有关。另一种观点希望保留风险一词,仅适用于概率陈述。在本研究中环境污染风险,主要指单纯的人类活动或人类活动在自然条件的作用下,对环境造成的破坏及破坏会引起的相应后果。环境污染风险按照环境事件主要影响的环境要素进行分类,如大气环境污染、水环境污染和土壤环境污染等。也可以按照引起环境污染风险的环境事件的发生概率进行分类,如突发性环境事件风险和一般环境事件风险。同时,由于环境风险将人类社会考虑在内,因此也有学者研究环境事件对事件周边区域人口健康的影响,即健康环境风险。本研究主要关注环境污染风险和环境事件风险两个方面。

一是环境污染风险突出。①大气污染。近年来,我国的空气质量受到了较为严重的威胁。空气污染的主要来源是城市中以煤炭为主的石化燃料燃烧,以及工业生产中产生的废气。这些废气所含的化学物质会引发严重的大气污染,例如产生氮沉降、过量的臭氧、温室效应酸雨和空气颗粒物浓度增加等。其中,臭氧的大量产生和氮沉降将会引起城市的光化学烟雾,造成城市光污染。酸雨会腐蚀城市和自然环境的地表,不利于一些较为敏感的动植物生存,对保护生态系统的物种多样性构成严重的威胁。温室气体的增加则会导致全球变暖,产生海平面上升和冰川消融等一系列问题,严重威胁着我国的生态环境安全。②水体污染。当前我国水生态系统主要面临着富营养化、金属盐和抗生素的污染。水体富营养化主要是随着工业和城市建设的发展,大量富含氮磷物质的工业污水和生活废水被排入水中,滋生了蓝藻等微生物,导致水生生物的生活空间受到了干扰,不利于保障水生态环境的健康。同时,部分种类的蓝藻在生长过程中会产生毒素,也会威胁人畜的健康。③土壤污染。目前我国整体的土壤环境不容乐观,部分区域存在着严重的土壤环境风险。加之早年间的工业化建设未重视对土地的保护,这也增加了土壤环境问题治理的难度。④固体废弃物。城市固体废弃物是城市化生态风险的重要风险源之一。城市固体废弃物的堆积,不仅侵占了大量土地,给我国造成极大的经济损失,也在填埋与堆放的过程中产生了大量渗滤液和恶臭气味,这些有害物质会改变土壤的性质和结构,同时对土壤中的微生物产生影响(城市固体废弃物、工业固体废弃物,特别是有害固体废弃物,能杀灭土壤中的微生物,导致土壤丧失腐解能力,土壤肥力和土质发生改变)。

此外,固体废弃物释放出的有害物质阻碍了植物根系的发育和生长,并通过食物链危及人体健康。

二是环境风险事件风险。近年来,随着我国生态环境风险管理与应急水平的不断提升,我国突发性生态环境风险事件已经得到有效控制。然而,突发性生态环境风险事件尚未得到彻底解决,尤其是重大突发环境事件,仍然时有发生。除突发性生态环境风险事件外,累积性和长期慢性的生态环境风险也日益凸显,其中以健康风险最为突出。除了传统的大气污染、水污染及土壤污染的风险以外,一些新兴污染物如纳米材料、抗生素、阻燃剂等也逐渐出现在人们的生活中,这些污染物对人体健康及生态环境的累积性风险不容忽视。值得注意的是,累积性和长期慢性的环境风险如果不加以控制,在一定条件下甚至可能转化为突发环境事件。近年来,社会经济处于快速发展阶段,城镇化以及工业化进程的加快,伴随着环境风险的逐渐增加。突发性环境污染事件,不但威胁着生态环境和公众的健康生活,也严重制约了经济的可持续发展。

三、资源短缺问题

与生态破坏和环境污染风险相比,资源的短缺并不直接影响生态环境的现状。但是,由于资源短缺,人们在对资源进行进一步的开发和利用时,其行为结果可能会对生态环境造成影响,进而威胁现有的生态环境现状。例如,过量使用干旱或半干旱地区的水资源,可能会影响当地地下水的储备情况,进而对当地自然植被和野生动物的生存造成一定的威胁,导致当地的自然生态环境出现退化。因此,本研究在考虑我国生态环境面临的问题时,将可能间接影响到生态环境现状的自然资源纳入考量范围,通过分析自然资源的状态,来评估其是否会对生态环境造成一定的风险。

一是城市水资源紧缺问题突出。目前我国有不少地区面临着水资源短缺问题。加之现有的生产生活用水与区域水资源不协调,生活用水和生态供水均面临着风险。同时,由于水体污染问题,部分水体中的激素类物质、抗生素、全氟化合物和其他有机污染物严重超标,可能会导致污染物在环境中和食物链中大量积累,影响人类健康和生态系统的循环发展。

二是能源资源配置矛盾凸显。当前我国的能源供应压力有所缓解,能源供应进入新的发展阶段。但就部分地区而言,我国的能源供应已经接近上限,煤炭能源的消耗状况更为严峻,超过了世界平均水平的10%。同时,受地理因素的影响,全国清洁能源的分配并不均匀,跨省运输清洁能源不但效率低下,而且会造成一定的经济压力。

三是土地资源—城镇化扩张。随着城镇化而产生的土地面积扩张会对生态环境造成主要两种风险。第一种风险是城镇的无序扩张可能会影响城郊附近的耕地资源。第二种风险是城镇土地的硬化会对周边原有的生态环境造成一定的影响。由耕地和绿地变为建筑用地,会污染该地的地下环境,减少当地土壤中微生物和土壤动物的活动,进而导致土地质量降低。同时,由于建设时常伴有大型机械和新型材料的使用,可能会导致如机油、重金属等有毒有害物质在土壤周边残留,进一步影响当地的土壤生态系统,降低了当地区域生态环境的结构,增加其脆弱性,不利于整体生态系统的稳定。

四、气候地理问题

自然界的变化有时也会影响生态环境现状。例如,由全球气候变化引起的极端高温天气或温室效应,会对生态系统,尤其是半人工生态系统造成显著的影响,甚至会间接增加城市居民的疾病率。而其他自然活动,如地震、洪水、海啸和泥石流等,也会严重损害甚至摧毁某一地区的生态系统。本研究主要讨论了气候变化、城市内涝和城市地面沉降带来的生态环境风险。

一是气候变化问题。近年来,我国面临的极端气候频次有所上升,并且这些极端气候影响到了正常的生态环境。其中,城市建设引起的土地类型转变,导致城市热岛效应的出现,间接威胁着人类健康以及城市周边生物的生存。同时,城市局部增温还会影响到区域的气候、水文、空气质量、土壤理化性质等一系列相关环境要素,通过改变热量循环的过程而引发生态环境问题。

二是城市内涝问题。近年来极端天气频发,城市暴雨现象增加,出现了严重的城市内涝问题。同时,由于城市大部分的地面经过了硬化处理,属于不透水地面,阻碍了雨水的自然下渗,对城市的公共交通系统以及生活设施造成了极大的威胁,有时甚至会发生危险。再者,城市是一个以人工建设为主题的非自然生态系统,洪涝灾害可能会对非自然生态系统造成更严重的影响,并带来一定的经济损失。

三是城市地面沉降问题。随着城市的扩张以及城市人口居民的逐渐增加,为了保障城市人口的正常生活,不少国内城市对地下水进行了不合理的过量开采。这在威胁城市水体环境的同时,也增加了城市地面沉降的风险。此外,大量地下施工和管道建设,同样会加剧地面下陷的风险。

总体而言,引起我国生态环境问题的深层次因素主要有两个:一是我国人口众多,资源紧张。我国是资源环境大国,具有较强的生态环境力,但这种能力已被大量使用,可利用空间大大压缩。大量水土资源、生态系统被开采或利用,再进一步的经济开发活动只能深入生态脆弱的腹地或者边疆,由此将使生态环境风险大大增加。此外,多数区域环境纳污能力透支,污染物排放总量居高不下。二是结构性经济发展压力。这种压力指的是产业结构、技术结构等原因产生的经济活动对生态环境造成的压力。这种压力结构下,即使不大的经济总量也可能带来很大的生态环境压力。目前,这种压力主要反映在两个方面,一方面是我国经济体系中高耗能产业占比较大,另一方面是这些产业中落后产能占比较大。

由于我国经济发展处在转型的关键时期,发展速度难以放缓,历史遗留问题在较长一段时间内仍难以解决,因此,未来一段时间我国的生态环境问题仍可能增加。主要表现在重大突发性生态环境风险不容忽视,累积性和长期慢性的生态环境问题可能呈逐步增多趋势。

五、农村生态环境问题

我国农村取得经济发展的同时,也付出了巨大的资源环境代价,面临着资源匮乏和环境污染双重压力。农村环境保护与治理是社会主义新农村建设的难点和重点之一,与农村经济可持续发展以及农民的利益有着密切的关系。近年来,我国重视农村环境保护和环境治理,2016年中央一号文件《关于落实发展新理念加快农业现代化 实现全面小康目标的若干意见》提出"加快农业环境突出问题治理"。如何推动农村环境保护进程,改善农村生态环境,是现阶段落实新农村建设,实现城乡统筹发展的重要议题。实施乡村振兴战略,是我国在新时期做出的重大决策部署,党的十九大报告明确将"产业兴旺、生态宜居、乡风文明、治理有效、生活富裕"作为乡村振兴的总体要求。其中,生态环境治理是乡村振兴的重要保障。我国农村地区生态环境问题突出,生态环境治理形势严峻,亟待建立以生态系统良性循环和环境风险有效防控为重点的生态安全体系。如何对乡村生态环境进行有效治理,确保乡村生态环境安全,对于解决生态环境问题,规避生态环境风险具有重要的意义,这也是乡村振兴的前提和保障。

农村环境污染问题日趋严重。一是农村面源污染问题凸显。近年来我国耕地资源退化面积超过40%,受污染的耕地有1.5亿亩,这与长期过量使用化肥、农药有密切的关系。此外,农村畜禽养殖废物以及农业废弃物的不合理处置,也造成农业面源污染问题严重。二是农村环保设施服务滞后。在垃圾治理和污水处理方面,农村普遍存在投入匮乏、人员不足、机制缺失等问题。我国近60万个行政村中,大部分农村环保基础设施建设水平低下,对生活垃圾进行处理的行政村比例不足40%,对生活污水进行处理的行政村比例不足10%。此外,我国的乡镇极少设有环保职能部门,缺乏对农村环境污染与防治的指导与监督,农村环境治理难以开展。三是农村环境管理制度缺乏。当前我国环境保护相关政策法规,如《中华人民共和国环境保护法》《中华人民共和国水污染防治法》等是以城市建设和工业污染防治为基础建立起来的,在法律规范的制定和实施过程中,对农村环境污染治理的考量不够。同时,由于农村的环境污染特征、基础设施以及环境治理模式与城市有着显著的差异,各项政策法规对农村环境治理的效果甚微。当前我国缺乏专门针对农村环境治理的法律规范,也缺少农村环境监测、管控和保护管理体系,农村环境保护和污染防治的激励和约束机制也有待建立。

农村生态安全压力持续加大。我国农村生态系统破坏形势严峻,农村耕地资源紧缺且呈逐渐减少的趋势,人均耕地面积不到世界平均水平的1/3。我国城镇化率从 1978 年的 17.9% 上升到 2018 年的 59.6%，农村城镇化过程中挤占农村生态环境，对资源和能源的消耗也不断增加，在一定程度上打破原有农村生态系统的平衡性。农村生态系统服务功能退化，尤其是耕地生态环境退化趋势加重，近年来我国耕地资源退化面积超过 40%，受污染的耕地面积占耕地总面积的 10% 以上，导致农村生态安全压力加大。

农村水环境安全问题形势严峻。一方面，我国农村饮用水水源地数量多、分布广，单个水源规模较小，水源保护管理基础薄弱，饮用水源地环境风险防护措施不足，导致饮用水源地风险隐患突出。农村多采用分散式供水，缺乏水质处理和监测设备，78% 的建制村未建设污水处理设施，无法保障饮用水的水质安全。另一方面，采矿、工业废水排放、农药化肥使用不合理、畜禽养殖和生活污水排放、农村垃圾处理不当等造成农村饮用水水源水质恶化，目前我国有 3 亿农民面临饮用水安全问题，农村水环境问题形势严重。

农村布局性结构性环境问题日益突出。近年来，乡镇工业化程度不断加大，一是原有的乡镇企业大多属于粗放型高污染排放型企业，布局分散，规模较小，环保设备以及污染防治技术相对落后，乡村大气污染、固体废物污染以及水污染问题逐渐突显。二是城市在转型升级过程中，一些高污染、高耗能和高排放的工业企业逐渐转移到乡村地区，对农村生态环境造成了较大的压力。据统计，乡镇企业废水和固体废弃物的排放量已占全国工业污染物排放量的一半以上。

农村累积性生态环境风险不容忽视。我国农村地区累积性、复合性和长期性环境风险较为突出。传统农业生产方式粗放，我国的农药吸收率仅达 30% 左右，农田灌溉水有效利用系数不到 0.55。化肥、农药、农膜等过度使用，使得土壤和水体中的重金属和有机污染物长期累积，造成累积性环境风险和健康风险。

农村生态环境管理难以满足农村环境保护的要求。近年来，我国重视生态环境保护与治理，逐步完善了生态环境治理相关法规体系和管理制度，但总体上农村生态环境治理还不成熟。与农村地区严峻的生态环境形势相比，当前生态环境管理体系难以满足农村环境保护的要求。

一是有关农村生态环境治理的立法体系有待完善。一方面，当前农村生态环境相关立法缺失。我国生态环境保护立法多集中在城市环境污染防治方面,农村环境污染防治立法相对滞后。2015年我国新修订的《中华人民共和国环境保护法》中新增了农村环境保护相关条文,但未涉及农村生态环境风险等内容。当前有关农业农村生态环境风险相关立法主要体现在土壤污染方面,如2019年开始实施的《中华人民共和国土壤污染防治法》对农业农村土壤污染问题做出了法律规制。另一方面,农村生态环境保护相关法律规范可操作性不强。对于如何落实环境污染防治和维护生态稳定,没有出台配套的有针对性的规章制度,对于农村生态环境风险防范没有出台相关管理规定。

二是农村生态环境治理防范体系有待健全。一方面,当前农村生态环境防范管理主要针对乡镇企业建设项目环境风险评价、环境应急预案管理等方面,仍存在重应急轻防范、重突发污染事故轻长期累积健康等问题,总体上仍处于事件驱动型的管理模式,对事前生态环境风险预测与预防以及事后处置方面的管理相对滞后,缺乏"事前严防—事中严管—事后处置"全过程的生态环境防控,缺乏对农村生态环境风险的有效评估与评价。另一方面,农村工农业生产导致的生态环境问题具有一定的结构布局性特征,我国农村生态环境防范的现实"需要"与相关协调措施的有效"供给"之间仍然存在较大差距,跨区域、跨部门的协调联动机制不畅通,缺乏具体的科学性的联动措施,现行的环境管理制度措施很难彻底解决结构性、布局性的生态环境问题。生态环境治理应从区域和全局角度进行考量,统筹工农业结构、土地利用、水资源协调等,借助空间管控优化,构建基于空间管控的多层级生态环境防范体系。

三是生态环境治理监测预警体系有待建立。农村生态环境治理与风险防范缺失的一个重要原因在于我国尚未建立覆盖农村范围的生态环境监测和预警网络。农村生态环境问题相关信息分散在不同省市和地方部门机构,尚未形成生态环境基础数据库,对数据的整合和分享程度较低,农村生态环境网络的构建,需从整体上进行考量,建立生态环境监测预警与应急体系。

第二节 我国生态环境安全时空演变趋势

一、生态足迹模型基本概念及核算模型

气候变暖、极端气候、生物多样性锐减、臭氧层空洞等全球性生态环境问题的大爆发及局部生态环境的恶化,带来了严重的生态环境风险,严重损害了公众健康和人类社会的发展,并严重影响着区域和全球生态安全。目前,维护区域和全球生态安全已经成为各国的共识并逐步成为全球研究与实践的热点(Liu and Chang,2015)。生态安全被认为具有与国防、经济安全和金融安全同等重要的战略意义(Duffy et al., 2001; Andersen, 1998; Kullenberg, 2002; Bonheur and Lane, 2002)。作为世界第二大经济体,中国的生态环境风险防范对维护中国生态安全乃至全球生态安全格局至关重要。粗放的发展模式给中国带来了资源枯竭、环境恶化、生态退化等严重的生态风险问题,严重影响着社会稳定与公众健康,成为当下中国转型与发展的关键制约因素之一。如今,中国政府越来越重视生态环境保护,在生态环境保护、资源节约等方面采取了诸多举措。

本研究采用改进的生态足迹模型(关键参数本地化)从国家与省两个尺度综合评价了我国 2006—2016 年生态风险状况的时间和空间演变趋势。此外,我们识别了威胁各省生态安全状况的主要生态用地类型,并根据识别结果进行了分类。我们希望本研究可以帮助有关部门在充分了解我国整体生态风险现状的同时,准确把握区域生态风险状况的差异性,既可为生态风险管控顶层战略的制定及优化提供依据,也可为具体的差异化管理及预警提供切实可行的建议。

生态足迹概念及核算模型。生态足迹(Ecological Footprint)是指维持一个人、地区、国家或者全球的消费所需要的或者容纳人类所排放的废弃物的、具

有生物生产力的地域面积,是衡量人类对地球可再生资源需求的工具。生态足迹是六类生态用地足迹的总和(耕地、林地、草地、渔业用地、碳吸收用地和建设用地)。根据核算账户的差异,生态足迹可被分为生物质生态足迹和能源生态足迹两大类。生物质产品,不论是本地消费还是异地消费,消耗的都是本地资源。因此生物质生态足迹的核算采用生产量,为生产型生态足迹。而石化能源产品,不论是本地生产还是异地生产,在消费过程中所产生的污染物都需要本地生态用地来吸收,因此能源生态足迹的核算采用消费量,为消费型生态足迹(详见表3-1)。

表3-1 核算的生物产品及其对应的账户和土地类型

账户	子账户	对应土地利用类型	产 品
生物资源	农产品	耕地	粮食(谷物、豆类、薯类)、油料、棉花、麻类、甘蔗、甜菜、烟叶、蚕茧、茶叶、水果、猪肉、禽肉、禽蛋、蜂蜜
	林产品	林地	油茶籽、木材、油桐籽、松脂、橡胶、生漆
	牧业产品	草地	牛肉、羊肉、奶类、羊毛
	渔业产品	渔业用地	鱼类、蟹虾类、贝类
能源消费	石化能源	碳吸收用地	煤炭、石油、天然气
	热能和电力	建设用地	热能和电力

生物质生态足迹计算公式为:

$$EF = \sum_{j=1}^{4}\left(r_j \times \sum_{i=1}^{n}\frac{C_i}{EP_i}\right) + \sum_{p=1}^{2}\left(r_p \times \sum_{q=1}^{m}\frac{C_q \times \theta_q}{EP_q}\right)(j=1,2,3,4;p=1,2) \quad (1)$$

$$ef = \frac{EF}{N} \quad (2)$$

式中:

EF 表示研究区域总的生态足迹(公顷);

C_i/C_q 表示第 j/p 种土地利用类型的 i/q 资源的消费量(千克);

θ_q 表示 q 资源的标煤折算系数;

Ep_i/Ep_q 表示第 j/p 种土地类型的第 i/q 消费资源的全国平均生产力(千克/公顷);

r_j/r_p 表示第 j/p 类土地利用类型的均衡因子;

ef 表示研究区域人均生态足迹(公顷/人);

N 表示研究区域人口总数(人)。

生态承载力概念及核算模型。在生态足迹理论中,生态承载力是与生态足迹相呼应的概念,表示一个区域可以提供给人类的各类生态性生产土地的面积。

生态承载力计算模型为:

$$EC = (1 - 12\%) \times \sum_{j=1}^{6} A_j \times r_j \times y_j (j = 1, 2 \cdots\cdots 6) \quad (3)$$

$$ec = \frac{EC}{N} \quad (4)$$

式中:

EC 表示研究区域总的生态承载力(公顷);

Aj 表示第 j 类土地类型的面积(公顷);

rj 和 yj 分别表示第 j 类土地利用类型的均衡因子和产量因子;

ec 表示人均生态承载力(公顷/人);

N 表示研究区域人口总数(人)。

根据世界环境与发展委员会(WECD)发表的《我们共同的未来》,地球上有 12% 的土地面积用于生物多样性保护。据此,在生态承载力计算模型中,扣除 12% 用于区域生态保护,其余看作区域可利用的生物资源承载力。

基于国家公顷的模型的改进。目前,典型的生态足迹模型中重要的参数,产量因子[1]和均衡因子[2],主要是基于全球数据获取的,也就是基于"全球公顷"的

---

[1] 产量因子:表示某种生态性生产土地在不同国家或地区的平均生产能力与该类生产土地世界平均生产力的比值。此概念便于将不同国家或地区同种类型的生态性生产土地面积换算成可比较的土地面积。

[2] 均衡因子:为便于将各类型生态性生产土地面积进行加总而提出的概念,具体指某类生态性生产土地的全球平均产量与所有类型生态性生产土地的全球平均产量的比值。

参数。此类参数一般用作全球尺度的研究或国际比较研究中较为合适,在国家以下尺度的研究中,比如省、市或者更小的区域,其准确性较差。为此,有学者提出了"国家公顷"的概念,并基于此概念核算了相应的均衡因子和产量因子。目前,已有研究证实,与"全球公顷"参数相比,基于"国家公顷"的本地化参数在国家以下尺度的研究中,其核算结果更为准确。由于本研究开展的是国家和省两个尺度上的研究,不涉及国际比较,因此本研究基于"国家公顷"的概念,对模型参数进行了本地化。"国家公顷"法与"全球公顷"法类似,是将传统的以全球平均产量为基础计算的均衡因子及产量因子,转换成以国家平均产量为基础计算的均衡因子及产量因子。

本研究选取 2006—2016 年的数据进行计算,改进了"国家公顷"生态足迹模型。改进的参数主要为均衡因子和产量因子,计算均衡因子及产量因子之前,需要对生物资源账户产品的国家平均产量进行核算。

1. 生物产品国家平均产量

生物资源账户产品的国家平均产量计算公式如下:

$$EP_i = \frac{P_i}{A_i} \tag{5}$$

式中:

EP_i 表示第 i 种生物资源账户产品的全国平均产量(千克/公顷);

P_i 表示第 i 种生物资源账户产品的年全国生产产量(千克/公顷);

A_i 表示第 i 种种植品的全国生产面积(公顷);

2. "国家公顷"模型中生物产品均衡因子的含义及计算

基于"国家公顷"的均衡因子是用来解决不同类型生态性生产土地足迹或承载力无法加和汇总的问题。此参数的核算是基于热量的概念进行的,因此在生产力计算过程中需要先将各生物产品转化为性质相同的形式——能量(热值),进而进行平均。计算公式为:

$$\gamma_j = \frac{p_j}{p} = \frac{P_j/S_j}{\sum_j P_j / \sum_j S_j} = \frac{\sum_i c_{ji} p_{ji}/S_j}{\sum_j \sum_i c p_{ji} / \sum_j S_j} \tag{6}$$

式中：

γ_j、p_j、P_j 分别表示第 j 类生态性生产土地的均衡因子、平均生产力（$\times 10^9$ 焦/公顷）、总生产力（$\times 10^9$ 焦）；p、P 分别代表全国所有生态性生产土地的平均生产力（$\times 10^9$ 焦/公顷）和总生产力（$\times 10^9$ 焦）；C_{ji} 和 P_{ji} 分别代表第 j 类生态性生产土地的第 i 种生物产品的单位热值（千·焦/千克）及产量（千克）。

上述公式主要用于耕地、林地、草地及渔业用地的均衡因子，建设用地由于以耕地为主，因此其均衡因子与耕地均衡因子相同。碳吸收用地均衡因子计算公式如下。

由于草地及森林都能吸收温室气体，因此在传统碳吸收用地的基础上，根据前人提出的基于碳循环石化能源及电力生态足迹的计算方法，将碳吸收用地定义为吸收温室气体的土地，包括森林及草地。在计算碳吸收用地均衡因子的过程中，采用森林及草地实际面积之和，其生产力按照生物质生态足迹部分算出的森林及草地热值产出之和，可得计算公式为：

$$\gamma_{碳} = \frac{P_{碳}}{P} = \frac{E_{碳}/S_{碳}}{P} = \frac{(E_{林} + E_{草})/(S_{林} + S_{草})}{P} \tag{7}$$

式中：

$\gamma_{碳}$ 表示第 j 类生态性生产土地的均衡因子（$\times 10^9$ 焦/公顷）；

p 表示全国所有生态性生产土地的平均生产力（$\times 10^9$ 公顷）；

$P_{碳}$ 表示碳吸收用地平均生产力（$\times 10^9$ 焦/公顷）；

$E_{碳}$ 表示碳吸收用地产出总热值（$\times 10^9$ 焦）；

$S_{碳}$ 表示碳吸收用地总面积（公顷）；

$E_{林}$ 表示森林的总生物产品总热值（$\times 10^9$ 焦）；

$E_{草}$ 表示草地的生物产品总热值（$\times 10^9$ 焦）；

$S_{林}$ 表示森林总面积（公顷）；

$S_{草}$ 表示草地总面积（公顷）。

表 3-2 基于"国家公顷"的全国各类生态性生产土地均衡因子

年份	耕地	林地	草地	渔业用地	建设用地	碳吸收用地
2006	3.62	2.12	0.06	3.25	3.62	0.20
2007	3.57	2.19	0.06	4.50	3.57	0.21
2008	3.57	2.23	0.06	3.89	3.57	0.22
2009	3.30	2.27	0.06	3.65	3.30	0.22
2010	3.25	2.46	0.06	3.67	3.25	0.23
2011	3.27	2.36	0.06	3.49	3.27	0.23
2012	3.24	2.50	0.06	3.55	3.24	0.24
2013	3.22	2.56	0.06	3.56	3.22	0.24
2014	3.21	2.58	0.06	3.63	3.21	0.24
2015	3.20	2.61	0.06	3.71	3.20	0.25
2016	3.17	2.72	0.06	3.88	3.17	0.25

3. 基于"国家公顷"的 31 省市产量因子的含义及计算

"国家公顷"模型中产量因子是指某一区域某类生态性生产土地的平均生产力除以全国该类生态性生产土地的平均生产力。具体计算公式为：

$$y_j^z = \frac{p_j^z}{p_j} = \frac{Q_j^z/S_j^z}{Q_j/S_j} = \frac{\sum_i p_{ji}^z c_{ji}/S_j^z}{\sum_i p_{ji} c_{ji}/S_j} \tag{8}$$

式中：

y_j^z、p_j^z、Q_j^z 分别表示 Z 区域 j 类生态性生产土地的产量因子和平均生产力（×10^9 焦/公顷）和总生产力（×10^9 焦）；

p_j、Q_j 和 S_j 分别表示全国 j 类生态性生产土地的平均生产力（×10^9 焦/公顷）和总生产力（×10^9 焦）及总面积（公顷）；

S_{jz} 表示 z 区域 j 类生态性生产土地的面积（公顷）；

P_{jiz} 表示 z 区域 j 类生态性生产土地 i 生物产品的年产量（千克）；

P_{ji} 和 C_{ji} 分别表示全国 j 类生态性生产土地 i 生物产品的年产量（千克）和单位热值（千焦/千克）。

上述公式主要用于计算耕地、林地、草地、渔业用地的产量因子。全国各地森林及草地对温室气体的吸收能力大致相同,因此各省石化能源的生产力等同于国家平均生产力,为1。建设用地主要是占用耕地,各省建筑用地产量因子同耕地产量因子保持一致。

4. 生态风险评价指标

生态盈亏概念及核算模型。生态盈亏用以表示区域生态占用及生态容量之间的关系,是生态承载力与生态足迹的差值。差值为正,即生态承载力大于生态足迹,为生态盈余(Ecological Remainder,ER),表示该区域生态资源占用量仍在其承载力范围之内,地区人口生态消费的需求流量小于区域自然资本的收入,区域呈一种相对可持续发展模式。差值为负值时,即生态承载力小于生态足迹,为生态赤字(Ecological Deficit,ED),表示该区域生态资源占用量超过了其生态承载力,即本区域的自然资本无法满足当地的消费需求,需消耗其他区域的自然资本或者透支本地未来自然资本以满足其需求,是一种区域不可持续发展模式。

人均生态赤字(ed)与人均生态盈余(er)的计算公式如下:

$$ed/er = ec - ef \tag{9}$$

式中:

ed 表示研究区域人均生态赤字(公顷/人),表示 ef > ec;

er 表示研究区域人均生态盈余(公顷/人),表示 ef < ec。

生态压力指数(EFI)及生态风险等级划分。该指数代表了该区域生态环境承受压力的程度,数值越大,表示其所承受的压力越大,风险越高。生态风险评价中,可以根据生态压力指数的大小结合区域社会、经济发展状况划分不同的生态风险等级。本研究所采用的生态风险等级划分见表3-3。其计算公式为:

$$EFI = \frac{ef}{ec} \tag{10}$$

式中:

EFI 表示生态压力指数,无量纲;

其余参数含义同前。

表3-3 基于生态压力指数的生态风险等级划分标准

生态风险等级	对应的生态压力指数	生态风险状况
1	≤0.5	无风险
2	0.51~0.8	较低风险
3	0.81~1.00	低风险
4	1.01~1.50	较高风险
5	1.51~2.00	高风险
6	>2.00	极高风险

注：此标准是通过对全球147个国家或地区2001年的生态压力指数进行扫描、聚类分析，并结合考虑世界各国的生态环境和社会经济状况而制定的，其中，147个国家生态足迹和生态承载力数据来自世界自然基金会（WWF）2004年的报告。

本研究所需基础数据主要来源于2007—2017年《中国统计年鉴》、2007—2017年《中国粮食年鉴》、2007—2017年《中国农村统计年鉴》、2007—2017年《中国能源统计年鉴》、2007—2017年《中国农业年鉴》、1983年《农业技术经济手册（修订版）》，以及中国农业信息网、国家林业局网站和第六次全国森林清查等。

二、我国生态足迹和生态承载力时间变化

2006—2016年，我国生态足迹总量和人均生态足迹均明显增加。在此期间，中国生态足迹总量和人均生态足迹分别增长了3.15×10^8公顷和0.187公顷，增加比例分别高达36.34%和27.97%。2006—2016年是我国社会经济高速发展阶段，工业生产总值增加了11.49%（按2005年不变价核算），城镇化率提升了13.45%，与此同时，我国人口在这段时间内增加了8400多万人。工业化、城镇化的快速发展以及人口的大规模增长增加了产品需求，拉动了产品生产，增加了对各类生态用地的开发和占用。与此同时，随着资源能源消耗量的增大，污染物排放量也明显增大，需要更多的生态用地来消纳各类污染物。此外，随着社会经济的进步与城镇化水平的提高，居民生活方式发生了较大改变。一些改变，比如饮食结构的调整，对植物类食物需求量减小、对动物类食物需求量增加（Wang et al.,2019),出行方式的变化(私家车保有量明显增多①)等都会对生态足迹的增大起到明显的促进作用。与生态足迹相比,研究时段内我国的生态承载力的变化并不明显,人均生态承载力一直在 0.63 公顷上下小幅变动,尽管生态承载力总量呈增加趋势,但增加幅度较小。从 2006 年到 2016 年,我国的生态承载力总量增加了 6.60×10^7 公顷,增幅为 8.07%,远低于生态足迹总量的增量与增幅。尽管研究时段内我国人均生态承载力变动幅度不大,但总生态承载力的小幅增长表明了过去几十年我国在生态环境保护方面的工作已初见成效。我国实施的天然林资源保护、退耕还林(草)、防护林体系建设("三北"、长江及珠江)、京津风沙源治理和退牧还草等重大生态工程,修复与保护了我国 44.8% 的森林与 23.2% 的草原。

从各类生态用地对生态足迹和生态承载力贡献比来看,耕地对生态足迹和生态承载力的贡献比最高。这表明耕地作为重要的生态用地类型,在为人类生存和社会发展提供物资保障的同时,也具有十分重要的生态承载功能。在六类生态用地类型中,建设用地对生态足迹贡献比最低,草地对生态承载力贡献比最低。以 2016 年数据为例,各类生态用地对生态足迹的贡献比例分别为:耕地(61.88%)>草地(17.15%)>渔业用地(15.25%)>碳吸收用地(3.54%)>森林(1.68%)>建设用地(0.49%),各类生态用地对承载力的贡献比例分别为:耕地(48.30%)>石化燃料用地(20.27%)>建筑用地(15.60%)>林地(9.60%)>渔业用地(3.65%)>草地(2.59%)。

从六类生态用地生态足迹时间变化来看,研究时段内,耕地、渔业及草地三类生态足迹增长相对较慢,林地、石化燃料用地和建筑用地生态足迹则大幅增长。与 2006 年相比,2016 年林地、石化燃料用地和建筑用地生态足迹增幅分别高达 128.70%、86.77% 以及 83.50%。耕地、草地和渔业用地生态足迹主要是基

---

① 据 2007 年《中国统计年鉴》,2006 年中国农村地区汽车十分少,而城镇地区每百户居民拥有 4.32 辆汽车。据 2017 年《中国统计年鉴》,2016 年中国每百户居民拥有汽车 27.7 辆。比较 2006 年和 2016 年数据可以看出,与 2006 年相比,2016 年中国私家车保有量明显大幅增加。

于与人类生产和生活相关的农产品的产量进行核算的。近十年来,多数农产品产量增长缓慢,因此相应的耕地、草地和渔业用地生态足迹增长缓慢且增幅较小。一方面可能是受自然地理条件的限制(主要是种植面积和单产水平),另一方面是受农产品进口的冲击较大。与之相比,随着工业的发展、城镇化率的提高,建设用地面积扩张,能源产品的消费量明显增加,因此碳足迹和建设用地生态足迹明显增大。与此同时,建设用地面积大规模的扩张明显促进了森林产品的开发(尤其是木材),因此林地生态足迹明显增大。与生态足迹相比,各类生态用地的生态承载力,在2006—2016年间,增幅均不大。增幅最大的为林地,达37.94%,其次是石化燃料用地,增幅为29.27%。林地生态承载力的增加,进一步反映了我国退耕还林、"三北"防护林等林地生态保护工程卓有成效,森林面积的扩大以及森林生态系统的完善,可以为人类活动提供更高的承载力。此外,由于森林和草地是最主要的碳吸收用地,碳吸收用地承载力的增大,从侧面反映了中国重大生态工程提升了中国植被的碳汇功能,发挥了巨大的固碳效应。这在全球气候变暖的大背景下,对于吸收温室气体,减缓气候变化具有重要的现实意义,尤其是在气候变暖负面影响(澳洲山火、南极高温、冰川融化)频频产生的当下。

三、我国生态足迹和生态承载力的省际变化

研究时间段内,中国多数省份人均生态足迹明显增大而多数省份人均生态承载力变动幅度不大。在中国31个省份(港澳台除外)中,北京、天津和上海的人均生态足迹和人均生态承载力呈同步减小趋势。一方面是因为三地的生态足迹总量和生态承载力总量的增长缓慢(或者呈减小趋势),另一方面是因为三地的人口密度高且具有很强的人口吸纳能力,每年都会吸引大量外来人口,因此尽管其生态足迹和生态承载力总量并不低,但其人均生态足迹和人均生态承载力较小。此外,研究时段内,江苏、浙江、山东和河北的人均生态承载力也小幅下降,主要原因也是人口大规模增长的速度要远高于其生态承载力的增长速度。而黑龙江、广西、西藏、宁夏的人均生态承载力均呈增长趋势。这些省份大都位

于中国"两屏三带"①区域。随着我国生态环境保护工程的推进,生态用地面积增大,生态承载力增大,但人口增加较少,甚至黑龙江由于流出人口较多,出现了人口负增长现象。

从人均水平来看,2016 年 31 个省份(港澳台除外)中人均生态足迹高的主要是内蒙古、黑龙江、宁夏、新疆,分别为 1.780 公顷、1.468 公顷、1.326 公顷、1.327 公顷,分别是全国平均水平的 2.076、1.712、1.546、1.548 倍。这些省人口密度均相对较小,且宁夏、内蒙古和新疆还是我国重要的畜牧业区和能源供应基地,黑龙江则是我国重要的粮食产区。就 2016 年 31 个省份(港澳台除外)人均生态承载力来说,北京、天津、上海人均生态承载力相对较低,这与其生态用地面积小、人口众多有关。人均生态承载力较大的省份主要有内蒙古、黑龙江、辽宁、广西、海南及新疆,这与这些地区生态用地面积大而人口密度小明显相关。

四、我国生态赤字(盈余)变化分析

2006—2016 年,我国人均生态赤字从 -0.038 公顷变为 -0.216 公顷,生态赤字增大了 0.178 公顷。到 2016 年,我国 31 个省份(港澳台除外)除广西、西藏、湖南、江西为生态盈余外,其余均为生态赤字,说明我国面临着较高的生态风险,生态安全状况不容乐观。2016 年,赤字程度最大的 5 个省份从大到小依次为重庆、甘肃、宁夏、辽宁和山东,这 5 个省的人均生态赤字都在 0.45 公顷以上。我们根据研究时间段内各省生态盈亏指标的变化及其 2016 年的生态赤字状况,将 31 个省份(港澳台除外)分为四类。第一类是生态状况转好,且现状为生态盈余的省,主要有广西和西藏;第二类是生态状况恶化,但仍为生态盈余状态的省,主要有湖南和江西;第三类是生态状况恶化,在研究时段内由生态盈余转为生态赤字的省,主要有北京、内蒙古、吉林、黑龙江、安徽、河南、海南、云南、青海和新疆。其他 17 个省均为第四类,这些省在研究时间段内一直呈生态赤字状态,且生态状况不断恶化。根据分类结果我们发现,2006—2016 年,生态盈余省份的数量明显减少(2006 年 13

---

① "两屏三带"是中国生态安全战略格局的主体,指"青藏高原生态屏障""黄土高原—川滇生态屏障"和"东北森林带""北方防沙带""南方丘陵山地带","两屏三带"形成了一个整体绿色发展生态轮廓。

个,2016年4个)。2016年,仅广西、西藏、湖南、湖北四省为生态盈余,其中湖南和江西生态盈余的程度与2006年相比明显减少。与此同时,到2016年,生态赤字省份的数量明显增多。一些省份由原来的生态盈余转为了生态赤字,而原为生态赤字的省份赤字程度明显增大。这些都表明我国的生态安全状况明显恶化,生态安全保护刻不容缓。在31个省份(港澳台除外)中生态状况恶化最快的为内蒙古(0.349公顷/人→-0.212公顷/人)、宁夏(-0.032公顷/人→-0.472公顷/人)、重庆(-0.106公顷/人→-0.544公顷/人)、新疆(0.082公顷/人→-0.308公顷/人)、甘肃(-0.127公顷/人→-0.490公顷/人)。这五省十年间生态盈余/赤字的变化幅度均在0.35公顷以上。它们均位于中国的西部地区,其生态盈余/赤字指标的恶化可能与中国实施西部大开发战略以来西部地区较大强度的开发和建设有关。

进一步分析研究时段内引起31个省份(港澳台除外)生态盈余/赤字指标变化的原因,分析2006—2016年我国31个省份(港澳台除外)生态足迹、生态承载力、生态盈亏的变化趋势。我们发现,除北京、天津、上海、广西、西藏外,其余省份生态盈亏指标的变化是由其生态足迹的变化决定的,这些省份的生态盈亏指标均呈恶化状态,且该指标的恶化主要是由于生态足迹的增大引起的。北京、天津、上海、广西和西藏生态盈余/赤字的变化主要受生态承载力的变化影响。与广西生态盈余/赤字的变化为正向不同,其余四省份生态盈余/赤字的变化是负向的,且其生态足迹的变化为正向变化。这说明这四个省份生态承载力的弱化明显影响了区域的生态安全,加剧了区域面临的生态风险。以上都表明,尽管近年来我国政府不断强调发展与保护并重,但受传统发展观及粗放型发展模式的影响,我国多数省份仍普遍存在重发展轻保护的现象,各类生态用地的开发利用强度仍明显大于保护力度。需要指出的是,在研究时段内,我国半数以上省份人均生态承载力呈小幅增加趋势。这表明我国在生态环境保护与资源节约方面取得了较好的成果。我们认为,随着我国经济从高速发展阶段转到高质量发展阶段以及生态文明建设的深入开展,未来我国的生态风险有可能会降低,生态安全状况将会有明显的改善。

五、生态压力指数变化及生态风险等级评价

分析我国31个省份（港澳台除外）2006—2016年生态压力指数变化趋势（表3-4），在此基础上，以表3-1为评价标准，评价了2006年、2009年、2012年及2016年各省生态风险等级，探讨中国面临的生态风险的时空演变趋势。

表3-4　2006—2016年我国各省（港澳台除外）生态压力指数

	2006	2007	2008	2009	2010	2011	2012	2013	2014	2015	2016
北京	0.97	1.01	1.00	0.92	1.00	0.97	0.95	0.99	1.13	1.12	1.25
天津	1.30	1.36	1.38	1.35	1.44	1.57	1.58	1.61	1.60	1.57	1.52
河北	1.18	1.19	1.25	1.20	1.24	1.30	1.33	1.35	1.36	1.44	1.44
山西	1.67	1.81	1.84	1.82	1.78	1.84	1.95	1.95	1.96	2.13	2.06
内蒙古	0.77	0.73	0.80	0.79	0.79	0.92	0.95	0.98	0.97	1.10	1.14
辽宁	1.34	1.44	1.48	1.51	1.50	1.51	1.56	1.62	1.76	1.79	1.70
吉林	0.81	0.79	0.86	0.89	0.83	0.88	0.93	0.93	0.94	1.01	1.04
黑龙江	0.96	0.86	0.97	0.94	0.88	0.97	.097	1.01	1.03	1.11	1.15
上海	2.18	2.35	2.30	1.91	2.11	2.07	2.07	2.34	2.20	2.38	2.71
江苏	1.29	1.38	1.41	1.31	1.36	1.42	1.46	1.52	1.53	1.59	1.63
浙江	1.54	1.94	1.53	1.59	1.73	1.82	1.84	2.08	2.12	2.30	2.43
安徽	0.99	1.02	1.05	0.98	1.01	1.01	1.05	1.06	1.09	1.11	1.15
福建	1.14	1.24	1.17	1.17	1.18	1.34	1.36	1.62	1.56	1.73	1.65
江西	0.70	0.80	0.76	0.75	0.83	0.77	0.79	0.84	0.85	0.92	0.96
山东	1.38	1.43	1.46	1.36	1.40	1.44	1.49	1.49	1.57	1.70	1.72
河南	1.00	1.04	1.09	0.99	0.99	1.03	1.03	1.08	1.09	1.13	1.14
湖北	1.26	1.27	1.29	1.19	1.25	1.26	1.31	1.37	1.36	1.42	1.49
湖南	0.75	0.78	0.73	0.74	0.79	0.79	0.80	0.81	0.80	0.91	0.90
广东	1.21	1.36	1.31	1.14	1.15	1.17	1.20	1.23	1.24	1.34	1.37
广西	0.68	0.53	0.52	0.58	0.56	0.56	0.58	0.51	0.52	0.56	0.50
海南	0.90	0.81	0.89	0.74	0.82	0.83	0.88	0.90	0.97	1.12	1.08

续表

	2006	2007	2008	2009	2010	2011	2012	2013	2014	2015	2016
重庆	1.29	1.30	1.34	1.30	1.35	1.44	1.48	1.54	1.56	2.49	2.45
四川	1.15	1.07	1.12	1.10	1.14	1.16	1.18	1.24	1.28	1.74	1.73
贵州	1.17	1.24	1.16	1.11	1.12	1.46	1.42	1.36	1.31	1.99	2.01
云南	0.82	0.71	0.81	0.69	0.71	0.78	0.82	0.86	0.89	1.09	1.07
西藏	0.57	0.46	0.55	0.42	0.40	0.39	0.37	0.57	0.59	0.59	0.62
陕西	1.12	1.12	1.23	1.15	1.24	1.27	1.38	1.49	1.54	1.73	1.71
甘肃	1.35	1.33	1.41	1.31	1.32	1.42	1.50	1.48	1.47	2.17	2.17
青海	0.84	0.74	0.95	0.87	0.87	0.91	0.95	0.98	0.95	1.28	1.26
宁夏	1.05	1.19	1.17	1.11	1.18	1.31	1.37	1.42	1.36	1.56	1.55
新疆	0.92	0.97	1.13	1.07	1.09	1.19	1.30	1.29	1.31	1.32	1.30
全国	1.12	1.13	1.15	1.10	1.13	1.17	1.20	1.23	1.25	1.39	1.39

从我国生态风险的时空演变和现状来看，研究时段内我国生态风险等级不断升高，我国的生态安全状况不容乐观。我国生态压力指数的变化和生态风险等级的变化都表明，研究时段内我国的生态安全状况呈恶化趋势且具有明显的空间演变特征。2006—2016 年，除广西的生态压力指数呈小幅下降趋势之外，其余各省生态压力指数均呈增大趋势。相应的，从各省生态风险等级的时间变化来看，2006—2016 年多数省份生态风险等级升高。与 2006 年相比，2016 年，除广西（生态风险等级下降）和新疆、西藏、广东、湖北、河北、上海（生态风险等级维持不变）外，我国其他省份的生态风险等级均升高。多数省份生态风险等级升高了一级，但有少数省份（内蒙古、甘肃、重庆和贵州）升高了两级。此外，从空间演变来看，高生态风险区域在空间上呈明显扩张趋势。研究时段内，生态状况为高风险和极高风险区域主要是沿东部海岸线蔓延和从中北部沿第二阶梯和第三阶梯分界线向西、向南扩展。与 2006 年相比，2016 年，高风险省份和极高风险省份的数量明显增多，分别由 2006 年的 2 个、1 个增加至 2016 年的 8 个、6 个。这主要

是因为研究时间段是我国经济及城镇化高速发展的时期,各类产品的需求量明显增大。随着各类产品需求量的增大,各区域加大了对资源能源的开发利用强度,以满足发展的需求。此外,也需要越来越多的生态性土地来消纳资源能源消耗产生的污染物。因此各省的生态风险不断增加。

目前,我国生态风险等级的空间分布具有明显异质性,高风险和极高风险省份主要分布在东部沿海地区以及中国第二和第三阶梯的分界线附近。在面临生态风险较高的区域中,上海面临的生态风险最大,一直处于极高风险等级,这与其城市化水平高、生态承载力较差有关。此外,长三角地区的浙江、江苏面临的生态风险也较高。近年来发展势头较猛的四川、重庆及贵州地区,其面临的生态风险等级也在逐步升高。较强的开发强度给这些地区的生态安全造成了严重的威胁,尤其是重庆和贵州地区,其面临的生态风险已从高变成了极高。传统的资源型省份(山西、宁夏、辽宁)由于其目前尚未完成转型,其发展仍严重依赖资源及能源,其所面临的生态风险也相对较高,生态安全状况较差。而山东作为工业及农业都较为发达的省份,生态安全状况也不乐观。此外,陕西及甘肃的生态压力指数也较大,面临生态风险较高。这主要是因为这些地区生态环境较为薄弱,承载力较低,城市化及工业化进程的加快也对其生态环境造成了明显的负面影响。针对这些高风险区域,应根据其生态安全现状及社会经济发展状况采取有针对性的措施来缓解生态安全危机。目前我国 31 个省份(港澳台除外)中生态状况最好的是西藏与广西。此外,西部的甘肃、内蒙古、云南,中部的湖北、江西,以及北部的黑龙江及辽宁的生态风险也相对较小。可以发现,生态风险低的省份也是环境本底较好的区域。与生态环境本底好的南方地区相比,西部的多数省份生态安全状况较好(主要因为区域开发程度小)。实际上西部省份的生态环境较为脆弱,较小的经济生产活动造成较大的生态破坏。未来,西部各省在发展过程中要因地制宜,减少对生态环境本底的损害。

六、影响生态安全的主要用地类型识别

通过上述研究我们发现,尽管在研究时段内中国多数省的生态承载力缓慢

增大,但中国面临的生态风险在不断增大。这主要是因为随着社会经济的发展,各地对各类资源能源的利用强度不断增大,导致其生态足迹不断增大,影响区域生态安全。与生态承载力的缓慢增长相比,各类生态用地的超强度占用可能是造成多数地区风险升高的主要威胁。为此笔者从生态资源占用的角度识别影响各省生态风险主要生态用地类型,并根据识别结果进行分类研究。各省份六类生态足迹的贡献比随时间的变化并不明显,本研究主要以2016年数据进行分析。根据31省2006年各类生态用地生态足迹占识别了影响各省的生态风险的主要生态用地和次要生态用地类型,对31省进行了分类,共分为了五大类和九个亚类,分类结果如表3-5。

从表3-5可以看出,对我国多数省来说,耕地生态足迹贡献比是非常大的,多数省的耕地生态足迹贡献比都超过了50%,耕地的超强度利用是影响其生态风险的主要原因。事实上,作为农业产品的主要来源和重要的生态用地类型,耕地的数量和质量既关系到国家的粮食安全也关系到国家的生态安全。近几年来,我国农业的高产量一直是建立在耕地的高强度利用和大量化肥农药使用的基础上。这严重损害了我国耕地的质量,给农业生产以及生态系统造成了无法估量的损失。此外,城市扩张、工业发展侵占了许多耕地,我国高生产力耕地面积不断减少。总的来说,我国农业及其生态环境的可持续发展是当务之急。我们认为,未来我国农业的发展应紧守其耕地红线,尽快改变以破坏农业生产环境为代价的粗放式的"石化农业",发展生态农业,实现粮食安全与耕地生态安全的双重保护。此外,对多数省份而言,碳足迹的贡献比也较高,大量温室气体的排放影响了区域的生态安全。碳足迹是与能源消耗密切相关的,碳足迹占比大,反映了我国工业经济发展和居民的日常生活都越来越依赖石化能源。碳足迹贡献比超过20%的省份主要是一些典型的能源型大省(山西、陕西、宁夏和内蒙古)和一些人口稠密、经济发达地区(北京、天津、上海)。在这些地区,北京、山西、上海、天津的碳足迹贡献比均超过40%。未来,我国应提高清洁能源占比,优化能源消费结构,以降低碳排放,保障国家能源安全。此外,我国还应持续推行节能降耗政策,以助推企业绿色转型,从而降低各工业企业能耗。对公众而言,要不断宣传、引导居民积极践行绿色生活方式。此外,应继续实施育林育草等重大生态工程,增大植被的固碳效应。除耕地占用和能源消费外,部分区域渔业用地的高强度利用是造成其生态安全状况恶化的主要原因。这些区域集中在东部沿海一带及中部地区水量丰富的省份,其中,浙江、福建、广东、海南作为我国的渔业大省,其渔业生态足迹占比均超过40%。对于这些区域,要充分认识到保护水域环境对于实现渔业可持续发展的重要性。此外,作为我国重要的牧区,内蒙古和西藏地区的草地占用对区域生态安全的威胁也较大。这主要是粗放式放牧造成的,为此,畜牧业的发展一定要控制在草地承载范围内,对于生态退化严重的草场,要实行合理的禁牧政策,同时,提高草原的生态承载力,持续推进草原恢复工程。

表3-5 影响我国31省、直辖市(港澳台除外)生态风险的主要生态用地类型识别及分类

类型代号	类型	亚类型	省份	数量	代表区域	特征
Ⅰ	耕地主导	—	黑龙江、四川	2	黑龙江	耕地占比80%左右。其他类型占比均小于10%
Ⅱ	耕地+次类型生态用地主导	耕地—碳吸收用地(Ⅱ-1)	新疆、云南、重庆、河北、吉林、甘肃、贵州、河南、青海、陕西、宁夏	11	河北	耕地为主。次主导类型占比大于10%
Ⅱ	耕地+次类型生态用地主导	耕地—渔业用地(Ⅱ-2)	湖南、安徽、江西、湖北、广西	5	湖南	耕地为主。次主导类型占比大于10%
Ⅱ	耕地+次类型生态用地主导	耕地—草地(Ⅱ-3)	西藏	1	西藏	耕地为主。次主导类型占比大于10%

续表

类型代号	类型	亚类型	省份	数量	代表区域	特征
Ⅲ	耕地+其他两类生态用地主导	耕地—碳吸收用地—草地（Ⅲ-1）	内蒙古	1	内蒙古	耕地为主。其余主导类型占比均大于10%
		耕地—渔业用地—碳吸收用地（Ⅲ-2）	辽宁、江苏、山东	3	辽宁	
Ⅳ	石化燃料主导	石化燃料—耕地（Ⅳ-1）	北京、山西	2	北京	石化燃料为主，占比高于耕地
		石化燃料—耕地—渔业用地（Ⅳ-2）	上海、天津	2	上海	
Ⅴ	渔业用地主导	渔业用地—耕地（Ⅴ-1）	海南、福建	2	福建	渔业用地为主，占比高于耕地
		渔业用地—耕地—碳吸收用地（Ⅴ-2）	广东、浙江	2	浙江	

第三节　我国突发性环境风险时空演变与影响因素

随着我国生态环境风险管理与应急水平的不断提升,我国突发性生态环境风险事件已经得到了有效的控制。然而,突发性生态环境风险事件尚未得到彻底解决,尤其是重大突发环境事件仍时有发生。

近年来,虽然对于环境风险的研究较多,但研究的重点多集中于对较小地区环境风险防控体系的理论研究,缺乏全国宏观范围的具体分析。因此,为了促进大尺度环境风险管控体系研究的发展,有必要对全国范围的环境风险现状及其发展有所了解。从宏观出发,本研究对全国范围的突发性环境风险事件进行了整理,并对影响环境风险的相关因素做了筛选。在本研究中,首先,对我国现阶段突发性环境风险现状进行了梳理;其次对可能影响突发性环境事件次数变化的相关指标做了定量分析,对我国突发性环境风险的发展及可能存在的问题进行了预测和总结;最后,对我国环境风险的评价和管控提出相应的政策建议。

一、我国突发性环境风险的现状

本研究对我国20年来的突发性环境污染事件进行了统计分析,数据均来自历年《中国环境统计年鉴》和《中国环境状况公报》。通过定性和定量的方式,对近年来我国突发性环境风险的频次变化、经济损失、地区差异以及风险诱因做出分析,明确了我国现阶段环境风险的现状。

总体而言,1998—2017年,我国突发性环境污染事件频次整体呈现波动性下降趋势(图3-1)。其中,1998—2000年,突发性生态环境污染事件频次呈上升趋势;2001—2007年,突发性生态环境污染事件频次呈快速下降趋势。2008—2017年,突发性环境事件发生频率趋于稳定,整体呈下降趋势。

同时,特大、重大污染事件比例也呈现下降趋势,2012年以后,重大污染事件年均发生频次为3起,占全年环境事件总数的0.15%。但较大环境事件占事故总数的比例呈现波动式上升趋势,说明对于环境风险的防范及管控仍不容松懈。

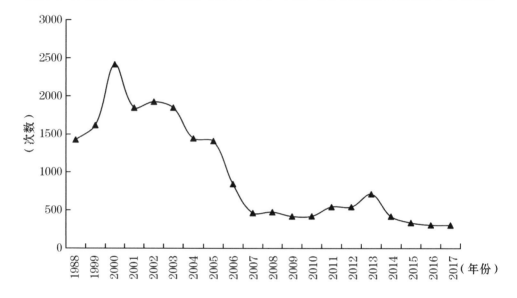

图3-1　1998—2017年我国突发性环境事件发生频次变化状况

数据来源:1997—2017年《中国环境统计年鉴》。

环境污染事故会带来经济损失,从而制约社会的发展,有严重的危害性。由于数据的缺乏,本书统计了1997—2009年我国环境污染事件所造成的直接经济损失(图3-2),并对2010—2016年较大、重大环境污染事件的经济损失进行分析。由图3-2可以看出,事故导致的直接经济损失呈现不规则波动性,其中2004年和2009年的损失值尤为突出。经查阅资料发现,2004年和2009年均发生了特大污染事件,单件事件便导致了极大的经济损失,说明特大、重大污染事件的发生会带来严重的经济影响。

对2010—2016年的较大、重大环境污染事件进行统计,结果表明,自2011年起,我国较大、重大环境污染事件呈现逐年递减趋势,近年来稳定为每年3起,相应的,环境污染事件造成的直接经济损失也在逐年减少。

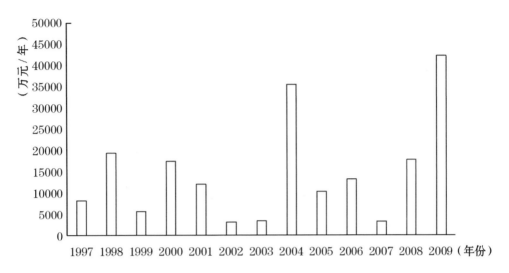

图 3-2　1997—2009 年中国环境污染事故直接经济损失状况

数据来源：1997—2017 年《中国环境统计年鉴》。

1997—2016 年我国累计发生生态环境污染事故 19000 余起，其中以西部和东部地区为主要发生地，两地累计污染事故数分别超过 8000 起和 5800 起，分别占总污染事故数的 43.3% 和 30.5%。生态环境污染重要事件发生共计超过 1000 起的省份包括陕西、湖南、四川、浙江、甘肃、上海。其中，陕西、甘肃、四川、湖南和浙江等地的产业结构以第二产业为主，重要工业行业发展有金属冶炼、石化等重污染企业，主要生态环境污染事故多发生于 2007 年以前。

对近 20 年全国各地区突发性环境事件进行统计分析，按照不同时期不同地区环境污染事故爆发次数的差异，将中国地区的环境风险变化按照时间序列大致分为三个阶段：

第一阶段为 1997—2007 年，该时期环境污染事故多发生在广西、甘肃、陕西、四川、山东和浙江等传统工业省份，环境风险主要为工业污水排放所引起的水环境风险。第二阶段为 2008—2014 年，该时期主要的重工业省份环境污染事故频次明显下降，与此同时，上海、江苏两地的污染事故总数则呈现倍数增长趋势。通过对这两个地区地方统计年鉴的分析发现，上海与江苏地区自 2007 年后酸雨发生概率大幅增加,环境风险逐渐由水体污染转变为大气污染风险。第三阶段为 2015 年至今,该时期我国单个地区环境污染发生频次明显降低,陕西、四川、浙江等地发生较多的污染事故。其中,2016 年起我国开展了环保督查行动,各地区均根据实际情况进行了环境管理整改,突发性环境事件次数大幅减少,现阶段环境风险有所降低。

通过对 2005—2015 年《中国环境状况公报》中的特大及重大环境事故诱因进行梳理分析,结果表明(其中 2011 年和 2014 年数据缺乏,采取相邻年份平均数代替),近年来中国环境风险类型以安全事故和交通事故为主,自然环境所引起的污染事故比重逐步上升,企业污染泄漏问题显著下降。

由于安全事故的发生牵扯到企业选址、生产监管、应急防范措施等多方面的问题,安全事故数量的增加表明我国环境风险状况趋于复杂化。此外,自然灾害引起的环境事故比重上升,表明环境风险的不确定性增加,进一步增强了环境风险管控的难度。

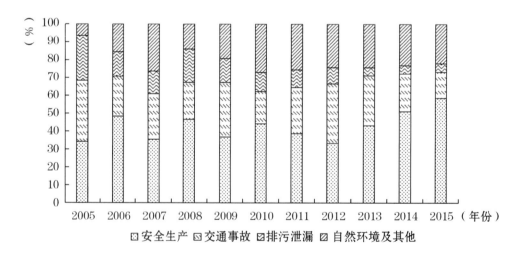

图 3-3 2005—2015 年中国环境事故诱因分析

数据来源:1997—2016 年《中国环境状况公报》。

总体上,我国的突发性环境风险逐渐降低,经济损失逐步减少,但由于风险类型的不断变化,我国环境风险的地区差异明显。当前我国环境风险诱因复杂,难以准确评价环境风险,使得相关政策的制定与实施面临挑战,甚至引发群体性事件。

二、我国突发性环境事件影响因素识别

2011年以后,《中国环境统计年鉴》对突发性环境事件采用新的分类标准,按照环境事件所造成的环境损失以及波及范围,将环境事件分为特大环境事件、重大环境事件、较大环境事件和一般环境事件四类。本研究基于新的分类标准对2011—2017年的突发性环境事件进行分析。数据主要来自历年《中国统计年鉴》和《中国生态环境状况公报》。

本次研究使用R语言3.5.2版本,运用相关性分析法对可能影响环境的相关因素进行分析。由于当前我国针对环境风险产生因素的相关研究鲜有涉及,研究参考了我国环境风险评价的指标体系构建方法,从经济增长、产业结构变化、环境保护投资以及公众行为四个角度出发,构建了一个包含十种因素的分析框架对问题进行探讨,具体如表3-6所示。

对于经济增长的角度,选取了国民生产总值(GDP)、城镇化率以及居民恩格尔系数三个因素进行探讨。其中,GDP可用来表示我国的宏观经济活动,我国过去几十年的经济增长与环境污染有着密不可分的联系。城镇化率可以描述城市的发展进程,我国正处于城镇化水平快速发展阶段,这种发展可能会由于资源的大量消耗而产生环境压力,进而增加环境风险。居民恩格尔系数可以反映人民的生活水平,生活水平的提高会导致人民对环境需求的提升。对于产业结构变化的角度,选取第二产业与第三产业比、轻工业比重与重工业比重三个因素进行分析,用第二产业与第三产业比的比例变化反映我国的产业结构变化。轻、重工业比重则用来描述我国第二产业中不同行业的结构调整情况。环境保护投资因素方面,选取环境污染治理投资额和工业污染治理投资额两项指标,分析环境保护投资金额的持续增加,是否能有效减少我国现有的环境风险。公众行为因素方面,选取全国非政府组织(NGO)数量和全国环境信访数量两个指标。在发达国家,公众行为对环境治理

起到至关重要的作用,而我国公众参与环境事务的时间较晚。本研究尝试通过公众行为与环境风险的相关关系,探讨现阶段我国的公众行为能否有效感知和降低环境风险,帮助政府及相关部门对环境进行监督管理。

表 3-6 环境风险影响因素框识别

分类	指标
经济增长	GDP
	城镇化率
	居民恩格尔系数
产业结构	第二产业与第三产业比
	轻工业比重
	重工业比重
环境保护投资	环境污染治理投资额
	工业污染治理投资额
公众行为	非政府组织(NGO)数量
	全国环境信访数量

2011—2017 年,我国共发生突发性环境事件 3153 起,其中特大环境事件发生频次为零;重大环境事件 30 起,占 0.9%;较大环境事件 61 起,占 1.9%;一般环境事件 3116 起,占 98.2%。对 2011—2017 年的环境事件类型进行分析,发现各类型环境事件占比与累积占比基本保持一致,由此说明我国近几年间,环境风险现状没有明显变化,环境风险降低难度较大。

经济增长对环境风险的影响。将经济增长指标与不同类型的环境污染事件进行相关性分析(见表 3-7),结果表明,经济增长因素与环境污染事件次数有强相关性,其中居民恩格尔系数与环境事件为正相关,其余两项为负相关。这与社会发展会导致国民素质提升,从而对环境保护以及人类健康产生正面影响的研究结论相同。就不同环境事件类型而言,我国经济社会的发展与重大环境事件的相关性较高,但与较大环境事件次数相关性较低。经查阅资料发现,近年来较大的环境事件主要由交通事故导致。研究发现,我国的环境事件次数主要受一般环境事件次数影响,但我国社会经济的三项因素与一般环境事件的相关性均没有产生最强效果。由于社会经济的发展风险主要集中于重工业以及大型企业,对可能产生一般环境事件的地区关注度较少,没有对一般环境事件做出针对性防范,导致一般性环境事件次数减少不明显。

表 3-7 经济增长与环境事件的关系表

因素	环境污染事故次数	重大环境事件	较大环境事件	一般环境事件	恩格尔系数	城镇化率
重大环境事件	0.66	—	—	—	—	—
较大环境事件	0.37	0.01	—	—	—	—
一般环境事件	0.99	0.63	0.3	—	—	—
恩格尔系数	0.88	0.91	0.3	0.86	—	—
城镇化率	-0.88	-0.91	-0.3	-0.86	-1	—
国内生产总值	-0.88	-0.91	-0.3	-0.86	-1	1

产业结构的变化会对环境的风险诱因产生影响(见表3-8),第三产业的不断发展使得环境风险压力减少,我国第二产业与第三产业比重的变化,对较大环境事件发生次数有着较强的影响,对其他规模的环境事件影响较小。而轻工业与重工业的比重变化主要影响着重大环境事件与一般环境事件,其中轻工业比重与环境污染事故数呈负相关,重工业比重与环境污染事故数呈正相关。重工业以钢铁、冶炼以及机械制造业为主,重工业体系是一国实现经济可持续发展的关键。在我国,一些以传统重工业为典型的资源型省份,经济增长是以牺牲环境为代价的。这些地区的环境风险多是长期累积所致,不易被察觉,该地区也不易对突发性环境事件进行预防。

表 3-8 产业结构变化与环境事件的关系

因素	环境污染事故次数	重大环境事件	较大环境事件	一般环境事件	第二产业与第三产业占比	轻工业占比
重大环境事件	0.66	—	—	—	—	—
较大环境事件	0.37	0.01	—	—	—	—
一般环境事件	0.99	0.63	0.3	—	—	—
第二产业与第三产业占比	0.47	0.22	0.71	0.36	—	—
轻工业占比	-0.88	-0.91	-0.3	-0.86	-0.43	—
重工业占比	0.88	0.91	0.3	0.86	0.43	1

将环境保护投资与不同类型的环境污染事件的发生频次进行相关性分析（见表3-9），结果表明，我国的环境污染投资金额以及工业污染源治理金额，均没有与环境污染事件的减少产生明显的相关性。在不同类型的环境污染事件中，环境污染治理投资及工业污染源治理投资仅对重大环境事件产生强相关性。为探讨这一现象产生的原因，本研究对环境污染治理投资的使用情形进行了研究，结果表明我国的环境污染投资金额整体呈现波浪式上升趋势，但环境投资占GDP的比重却在逐年下降。与此同时，研究发现，在环境总投资额中，工业污染源治理投资只占据较小的一部分，环境投资多被用于园林绿地的建设以及环境项目。而从前文的分析中可以看出，我国的工业污染治理投资额与重大环境污染事件的发生频次，呈现强负相关性。由此可以说明，加强对工业污染治理的投资有助于降低重大环境污染的发生，降低环境风险。

表 3-9 环境保护投资与环境事件的关系

因素	环境污染事故次数	重大环境事件	较大环境事件	一般环境事件	环境污染治理投资
重大环境事件	0.41	—	—	—	—
较大环境事件	0.42	-0.02	—	—	—
一般环境事件	0.99	0.37	0.34	—	—
环境污染治理投资	-0.41	-0.85	0.31	-0.37	—
工业污染源治理投资	-0.12	-0.85	0.46	-0.09	0.94

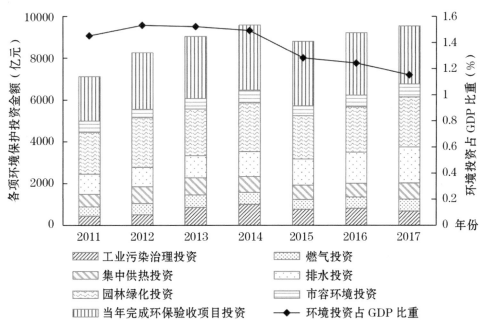

图 3-4 环境污染治理投资现状

将公众行为的两项指标与不同类型环境污染事件的发生频次做相关性分析,结果表明,非政府组织的个数以及环境信访事件数,均与环境污染事件产生强相关性,即非政府组织数量越多,环境信访事件数越多,突发性环境事件越不容易发生,由此说明公众的行为对于降低环境风险有着积极作用。但公众更多关注重大环境事件和一般环境事件,对于较大环境事件的影响较弱。由此说明,对于以交通事故为诱因的环境事件,公众一般是无法进行监督的。

表 3-10 公众行为与环境事件的关系

因素	环境污染事故次数	重大环境事件	较大环境事件	一般环境事件	非政府组织数
重大环境事件	0.66	—	—	—	—
较大环境事件	0.37	0.01	—	—	—
一般环境事件	0.99	0.63	0.3	—	—
非政府组织数	-0.88	-0.91	-0.3	-0.86	—
全国相关信访数	-0.7	-0.87	0.15	-0.71	0.86

三、我国突发性环境事件影响空间关联分析

我国社会经济快速发展阶段,城镇化及工业化进程的加快,伴随着环境风险的逐渐增加。环境风险,指由自然原因或人类活动所引起的,能通过环境介质传播的,对人类社会及自然环境产生破坏、损害及毁灭性作用的环境污染事件发生的可能性,具有复合性、累积性、周期性长以及潜伏性等特征。当风险累积达到一定数量时,环境风险会产生爆发现象,从而形成突发性环境事件。

有关环境风险方面的研究,早期研究主要针对毒理学方面,对小区域有毒物质累计量、来源、传播途径、影响范围等特征进行探讨。近年来环境风险相关研究重点围绕累积性环境风险、区域环境风险以及环境风险管控等方面展开。累积性环境风险多关注单一行业或工程所引起的环境风险,区域环境风险研究逐渐从探讨风险源、风险受体以及风险转移过程转变为对区域环境风险评估方法的研究,如利用信息扩散理论,对区域整体环境风险值进行计算;通过构建环境污染风险映射模型,利用地理信息系统绘制风险图,研究了区域环境风险的管理方法。环境风险管控相关研究主要是对我国现阶段环境风险事件的时间和地域

变化和现状进行分析。突发性环境事件是多种影响因素共同作用的结果。当前研究主要从时间和不同地区角度对突发性环境事件展开研究,鲜有涉及环境风险的空间关联特征相关研究,也缺乏对环境污染事件多影响因素研究以及不同阶段的比较研究。

本研究以1998—2017年我国省级行政区(不包括港澳台)的突发性环境事件为研究对象,利用空间统计分析法、最小二乘回归(OLS)与地理加权回归模型(GWR)等手段,探讨我国突发性环境事件的时空演化特征与相互时空关联特征,揭示突发性环境事件与其影响因素之间的空间关联性,为不同区域环境风险管理和制定环境保护政策提供理论支持。数据主要来源于1999—2018年《中国统计年鉴》《中共环境统计公报》和《中国环境统计年鉴》。

(1)空间重心转移曲线。常用来描述区域事物的时空转移方向及其特性,其绘制方法多样。本书选择运用ArcGIS中的标准偏差椭圆SDE方法进行绘制,其中SED的范围表示地理要素主要的空间分布区域,中心表示地理要素分布的相对位置。

(2)探索性空间数据分析(ESDA),被广泛运用于空间数据的相关性分析研究中,主要由全局空间自相关指数以及局部空间自相关指数来测度。其中,全局空间自相关性,常用来分析整个空间数据在整个时空系统中的相关性;局部空间自相关性,多用来分析局部区域及子系统的相关性。

在全域空间相关性方面,本研究运用ArcGIS10.2工具,采用Moran指数,来反映我国各个省份(港澳台除外)的突发性环境污染事件的空间分布状况,其具体公式如下:

$$I = \frac{n \sum_{i=1}^{n} \sum_{j=1}^{n} w_{ij}(x_i - \bar{x})}{\sum_{i=1}^{n} \sum_{j=1}^{n} w_{ij}(x_i - \bar{x})^2} \tag{1}$$

公式(1)中,I为全局莫兰指数,用于测度不同地区间突发性环境事件的总体空间相关性;n是研究区域内地区的总数(港澳台除外),本研究中代表全国省区总数;w_{ij}代表空间权重矩阵;x_i和x_j分别为第i个省区和第j个省区的突发性环境事件级数;$\bar{x}$为全国各个省区突发性环境事件数的均值。指数I的取值范围在

(-1,1)之间,若指数 $I>0$,说明各个省份的突发性环境事件频次呈现空间正自相关,即相邻省份的突发性环境事件频次在空间上存在一定的相互影响。若指数 $I<0$,则呈现空间负相关,说明环境事件的发生地呈现离散型,不同省份的环境事件频次存在较大的空间异质性。若 $I=0$,则说明突发性环境事件在空间上呈现随机分布,没有明显规律。

在局部空间相关性方面,本研究采用局部 Moran 指数,运用 GeoDa 软件创建权重矩阵,绘制了突发性环境事件的 Moran 散点图,以便进一步分析我国突发性环境事件的空间异质性。Moran 散点图包含 4 个象限,分别为:高高型(HH),表示省份自身及其相邻省份的突发性环境事件频次均高;高低型(HL),表示省份自身频次高,而邻近省份频次低;低高型(LH),表示省份自身频次低,而邻近省份频次高;低低型(LL),表示省份自身以及邻近省份频次均低。

(3)空间分异关联。本研究采用相关分析,探索不同时段下中国全域以及四大经济区中不同影响因素与突发性环境事件频次空间变化的相关程度。同时,运用 OLS 与 GWS 模型分析影响因素对突发性环境事件频次空间变化的解释程度及其时空差异。

OLS 是用来确定普通线性回归方程的最优拟合直线的一种参数估计方法,其具体公式如下:

$$y = \beta_0 + \beta_1 x_1 + \beta_2 x_2 + \cdots + \beta_n x_n + \varepsilon_i \tag{2}$$

公式(2)中,$x_i(i=1,2,\cdots,n)$ 表明各个城市不同影响因素;y 表示为各个城市的突发性环境事件频次;β_0 为常数项;$\beta_i(i=1,2,\cdots,n)$ 为各变量系数;ε_i 为随机误差项。

GWR 是基于普通线性模型,将数据的空间位置嵌入方程中,其具体公式如下:

$$y = \beta_o(u_i,v_i) + \sum \beta_k(u_i,v_i)x_{ik} + \varepsilon_i \tag{3}$$

公式(3)中,(u_i,v_i) 表示第 i 个样本点的空间坐标;$\beta_k(u_i,v_i)$ 表示第 i 个样本点上的第 k 个回归参数;ε_i 为随机误差项。其中模型中的自变量对因变量的解释程度,运用 R^2 来表征。

空间分布变化。选取了1998—2017年5个时段作为分析断面,分别为1998年(起始年)、2000年(峰值年)、2006年(转折年)、2013年(小高峰年)和2017年(终止年)。运用ArcGIS软件,将全国各个省级行政区(港澳台除外)的突发性环境事件频次从低到高划分为7个等级。结果表明:①我国各个省级行政单位(港澳台除外)的突发性环境事件频次均在逐步减小。②5个断面时间点中,突发性环境事件频次超过100的省份分别有6、8、5、3和0,突发性环境事件发生的高频次地区在逐渐减少。③从突发性环境事件发生地区来看,东北及西部地区环境事件总数较少,中部及东部地区较易发生环境事件,且环境事件发生频次较高的省份往往呈现聚集状态。④从时间变化上看,1998—2000年,突发性环境事件高发区域从东部沿海地区转变为中西部地区。2000—2006年,环境事件高发区域从中西部转向西南部地区。2006—2013年,环境事件频次较高地区在东部沿海以及中西部均有分布。但上海及江苏地区环境事件频次呈现明显上升趋势,经查阅其地方统计年鉴发现,自2007年后两地酸雨概率大幅增加,推断该时段两地大气污染较为严重。2013—2017年,各省环境事件总量持续降低,环境事件较多发生在东南沿海及川渝等中西部地区,这与工业企业等污染源的布局以及当地的社会经济发展状况有关。

空间相关性度量。为探讨我国突发性环境事件的空间关系,本研究计算了1998—2017年的全局Moran指数,具体如表3-11所示。表3-11中$E(I)$为数学期望值,P为显著性水平。

表 3-11 突发性环境事件的全局 Moran 指数

年份	Moran 指数	E(I)	P 值
1998	-0.080	-0.03	0.673
1999	0.089	-0.03	0.275
2000	0.096	-0.03	0.232
2001	0.244	-0.03	0.007
2002	0.239	-0.03	0.012
2003	0.164	-0.03	0.055
2004	0.226	-0.03	0.019
2005	0.181	-0.03	0.051
2006	0.193	-0.03	0.047
2007	0.193	-0.03	0.046
2008	0.085	-0.03	0.350
2009	0.164	-0.03	0.027
2010	0.108	-0.03	0.026
2011	0.101	-0.03	0.021
2012	0.259	-0.03	0.000
2013	0.259	-0.03	0.001
2014	0.280	-0.03	0.003
2015	-0.034	-0.03	0.975
2016	-0.001	-0.03	0.779
2017	-0.038	-0.03	0.951

从表 3-11 中可以看出：①2000—2014 年,除 2008 年,P 值均小于 0.05,说明这一时期我国突发性环境事件的空间分布状态不是随机分布。虽然全局 Moran 指数有所波动,但总体表现为环境事件频次较高的地区高高集聚,以及环境事件频次较低的地区低低集聚。②1998—2000 年以及 2015 年后,P 值大于 0.05,说明这一时期我国突发性环境事件呈现空间随机分布状态。按照时间顺

序,我国的突发性环境事件在空间上呈现出先随机分布再空间集聚而后随机分布的变化。现阶段突发性环境事件集聚现象不明显,为监管及预防工作增加了难度。

为进一步探讨突发性环境事件的局部空间关系,本研究用 GeoDa 软件创建了权重矩阵,并绘制了突发性环境事件的局部 Moran 散点图,其时间节点选择为环境事件重心转移明显的年份,分别为 1998 年(起始年)、2001 年(向西南转移)、2010 年(向东北转移)和 2016 年(向西南转移)。

结果表明:①LL 集聚型地区较多,以新疆、西藏等省份为主,该地区重工业企业较少,不易发生环境事件。此外,在统计年鉴中,部分地区数据不完整,也造成 LL 集聚型地区数量的增加。②HL 集聚型地区数量较少,而 LH 集聚型地区数量从 1998 年的 12 个波动减少至 2016 年的 9 个,说明全国突发性环境事件的空间分布差异性在逐渐降低。③HH 集聚型地区数量基本维持在稳定状态,但集聚省份有着明显的变化。其中,1998 年以及 2001 年,集聚省份以贵州、重庆和四川等西南部地区为主,2010 年集聚省份改为浙江、安徽、河南及东南沿海城市,2016 年主要集聚省份又变为陕西、陕西和宁夏等西北地区,这与前文提到的环境事件空间转移路径一致,从侧面说明我国的环境事件发生地与国家经济建设相关政策有着较强的相关性。

有研究表明,影响环境事件发生的因素,主要与当地经济发展、环境监管以及环境控制程度等有关。因此,本研究选取了反映经济发展的城镇化率(CZ)、反映工业发展的第二产业占当地生产总值的占比(CY)、反映环境监管程度的各地区环境机构数(HJ)和反映公众参与程度的环境信访数量(GZ)等影响因素指标。为了进一步探讨不同区域各影响因素与环境事件的关联性,本文使用 ArcGIS 中的 OLS 及 GWR 方法,按照环境事件重心转移节点将 1998—2017 年分为 4 个时间段,按照中国全域以及四大经济区域进行模型模拟,具体结果见表 3-12。

表 3-12　OLS 和 GWR 模型下不同影响因素对环境事件频次的解释度（R^2）

区域	方法	年份			
		1998	2001	2010	2016
全域	OLS	0.30	0.31	0.36	0.30
	GWR	0.46	0.37	0.36	0.30
东北地区	OLS	0.58	0.56	0.51	0.50
	GWR	—	—	—	—
东部地区	OLS	0.77	0.73	0.44	0.68
	GWR	0.88	0.75	0.68	0.87
中部地区	OLS	0.58	0.82	0.73	0.97
	GWR	—	0.83	0.73	0.97
西部地区	OLS	0.66	0.36	0.67	0.55
	GWR	0.76	0.42	0.71	0.58

从表 3-12 可以看出，对于我国全域而言，OLS 模型对不同因素对环境事件频次的解释度呈现先上升后下降的状态，而 GWR 模型的解释度在持续减小。其中 1998 年和 2001 年，GWR 模型的解释度明显高于 OLS 模型，说明在这两个时段选取的指标对环境事件发生频次影响的空间非稳定性显著。而 2010 年后两种模型的解释度一致，说明 2010 年后选取的指标对我国环境事件频次影响作用的空间异质性在逐步减小。

分不同区域而言，东北地区 OLS 模型的解释度趋于稳定，但 GWR 模型无法进行模拟，这可能是由于东北地区的数据量不足，以及在 1998—2017 年东北地区各项指标存在多重共线性，说明东北地区的城镇化率、二产占比、环境机构数以及公众投诉现象在互相影响，共同发展。

东部地区的 OLW 模型以及 GWR 模型均表现为先下降后上升趋势，这一现象表明，东部地区的环境污染事件于 2010 年得到了较好管控，但于 2016 年有环境事件再度爆发现象，从而影响了模型的拟合优度。就模型解释度而言，东部地区 GWR 模型的解释度均高于 OLW 模型,所以认为东部地区不同地区环境事件的影响因素均不同,存在较强的空间异质性。

中部地区的 OLW 模型以及 GWR 模型的拟合优度存在波动式上升现象,且除 1998 年外,OLS 模型与 GWR 模型解释度一致。这说明,在中部地区,不同省份间发展均衡,环境事件发生的原因相似并可能存在不同省份互相影响现象,且环境事件的影响因素越来越受到研究的 4 项指标的影响。

西部地区的 OLW 模型以及 GWR 模型的拟合优度则呈现波动式下降趋势,且 GWR 模型的解释度高于 OLW 模型。这说明,在西部地区,环境事件发生影响因素存在空间异质性,模型的拟合优度不断降低,可以认为是西部地区对环境事件的管控逐渐取得了成效,环境事件发生地区倾向于随机分布。

现阶段我国的环境风险正处于逐步减轻的趋势,分析表明,我国在经济社会、产业结构调整以及公众行为方面的发展,均有利于减少环境污染事件,使环境风险降低。经研究发现,我国现阶段仍然存在着一些关键的问题,阻碍着环境风险的进一步减小,具体如下。

1. 我国对环境保护的投资不足

研究发现,我国的环境污染治理投资额仅占 GDP 总额的 1.6%,这一比重远低于发达国家水平,且存在逐年减少的趋势。有研究表明,我国的环境投资力度不足且效率低下,不足以应对我国的环境现状。同时,我国对工业污染源治理投资的缺乏,也会影响重大环境风险的发生。因此,为了减少环境风险,加强对环境的治理以及管控,应增加对于环境保护的投资金额,提高环境投资的使用效率,以及增强对于工业污染治理源的投资力度。

2. 缺乏对一般事件的关注

在全国突发性环境污染事件中,一般性环境污染事件占比高达 97%,其发生数量直接影响着我国环境事故总数,进而影响我国环境风险状况。且一般性环境事件的分布范围覆盖全国,事件类型以水体、大气、土壤、噪声类污染为主,与人民的日常生活环境息息相关。但研究发现,选取的各项指标对一般环境事件的影响均无法达到该指标影响的最大值,缺乏对一般环境事件的强影响力。因此,为降低我国突发性环境事件的总数,应加强对一般环境事件的预防与监管。

3. 对交通事故引起的环境事件预防不足

我国的较大环境事件,多产生于危险化学品在交通运输时出现交通事故而导致泄漏,从而引发了环境污染。道路,尤其是高速公路地段一旦发生事故,有关人员很难在第一时间赶到事故现场,这导致无法在较短的时间内对事故进行控制,防止事故范围的扩大。有研究表明,在交通运输方面,我国缺乏对道路管理的针对性监控,也缺乏对于危险化学品运输的一系列匹配措施,如严格的运输车辆管理、专用的停车场所以及清洗设备等。此外,我国大部分的驾驶人员并没有接受严格的应急处理知识培训,这都不利于应对运输途中可能发生的危险。

根据以上结论,为了促进我国环境风险进一步降低,本书从产业技术、环境保护投入以及公众参与三个方面,提出了针对完善我国环境风险管理体系的建议。

(1)产业技术。第一,为了促进和规范工业发展中环境保护的实施,需要对不同产业的环境风险评价方式进行统一,以便为产业发展中环境风险的预防提供支持。第二,为减少由重工业企业生产时所带来的环境风险,应加强对重工业企业的监管以及新型生产技术的研发,以便通过生产技术的改良降低环境风险。

(2)环境保护投入。第一,为了有效管理以及降低我国的环境风险,建议适当提高环境治理投资金额在 GDP 中所占比例,使环境保护相关部门有足够的经济实力去解决一些重大的环境问题。第二,建议进一步改良环境保护投资的使用方式,提高环保投资的使用效率。第三,鉴于我国重大环境污染事件次数与工业污染源治理呈现强相关性,建议提高工业污染源治理金额在环保投资中所占的比例。

(3)公众参与。第一,为了有效监督预防环境风险,相关部门应当重视公众的监督管理力量,重视公众所反映的环境风险信息,共同加强对一般环境污染事件的监督与管理。第二,有关部门可以加强对公众的环保知识普及,提高公众的环境保护意识,促进各项环境保护措施有效实行。

第四章　京津冀绿色经济及绿色发展评价

第一节 京津冀绿色发展状况

一、京津冀绿色发展的规模效应

1. 京津冀经济规模效应不断显现,地区经济持续发展

京津冀地区作为我国北方地区的重要支撑载体,以 2.23% 的土地聚集了全国 7.58% 的人口,地区生产总值由 2014 年的 66479 亿元上涨到 2019 年的 84580 亿元,2000—2019 年,京津冀地区生产总值年均增速为 11.1%,高于全国平均增速。尽管近年来全国及京津冀经济增速有所回调,2015—2019 年京津冀地区平均增速仍达到 6.5%(见表 4-1、图 4-1)。高速经济增长伴随着资源能源的大量消耗以及污染物的持续排放。2020 年,京津冀地区人均国内生产总值为 8 万元,略高于全国平均水平(7.2 万元),但与长三角(12.1 万元)、珠三角(11.5 万元)相比,仍有一定的差距(见图 4-2)。

表 4-1 2000—2019 年京津冀及全国经济增速   单位:%

年份	北京	天津	河北	京津冀	全国
2000—2019	11.2	12.3	9.8	11.1	9.0
2005—2019	8.7	11.9	9.4	10.0	9.0
2010—2019	7.4	10.0	8.2	8.5	7.7
2015—2019	6.6	6.1	6.7	6.5	6.7

数据来源:根据历年中国统计年鉴计算得出。

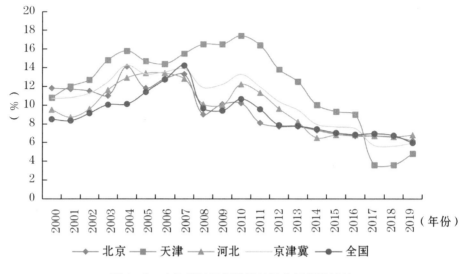

图 4-1 京津冀地区经济增速及全国经济增速

数据来源：根据历年中国统计年鉴计算得出。

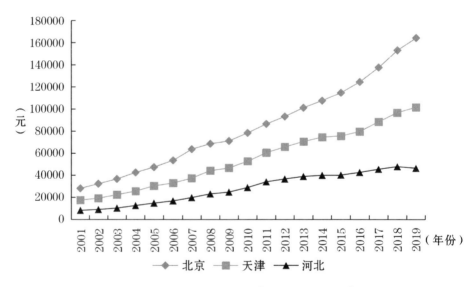

图 4-2 2001—2019 年京津冀三地人均 GDP 情况

数据来源：根据历年中国统计年鉴计算得出。

2. 京津冀经济密度较低,经济集聚效应有待提升

京津冀的经济密度呈现不断上升的趋势(见图4-3),由2004年的0.08亿元/平方公里上升到2019年的0.40亿元/平方公里。2019年,长三角和珠三角的经济密度分别为0.97亿元/平方公里和1.84亿元/平方公里,京津冀的经济密度仅相当于长三角的40.7%、珠三角的21.5%(见表4-2)。同时,京津冀地区的经济集聚现象并不明显(见表4-3),珠三角地区生产总值占全广东地区生产总值的75%,主要集聚在广州和深圳;京津冀地区尤其是河北省的经济集聚效应并不明显,2019年,河北省的经济最为发达的唐山和石家庄地区的生产总值分别占河北省生产总值的20.0%和16.5%。

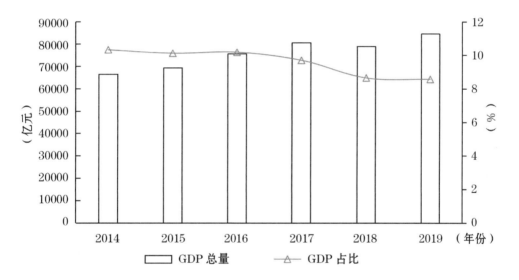

图4-3 京津冀地区经济总量及在全国的占比

表4-2 京津冀、长三角、珠三角的经济密度比较　　单位:亿元/平方公里

年份	京津冀	长三角	珠三角
2004	0.08	0.26	0.50
2015	0.30	0.89	1.83
2019	0.40	0.97	1.84

数据来源:根据中国统计年鉴(2005年、2016年、2020年)计算得出。

表4-3 京津冀、长三角、珠三角地区经济占全国比重　　单位:%

年份	京津冀	长三角	珠三角
2014	10.3	23.2	10.2
2015	10.11	23.3	10.3
2016	10.2	23.84	10.4
2017	9.7	23.5	10.1
2018	8.6	24.2	10.2
2019	8.7	24.0	10.7

3. 京津冀地区人口规模不断扩大且集聚效应明显

2020年,京津冀地区常住人口为1.07亿人,长三角、珠三角城市群常住人口分别为1.75亿人和0.78亿人。根据各省市第七次人口普查公报,1990—2000年,京津冀地区人口年均增长率为1.11%,2000—2010年,京津冀地区人口年均增长率为1.48%,2000—2020年,京津冀地区人口年均增长率为0.56%。2010—2020年,珠三角、长三角、京津冀城市群人口增量分别为2184万人、1807万人、588万人,三大城市群的人口集聚能力在全国均处于前列,但京津冀城市群与珠三角、长三角城市群相比,人口吸引力仍显不足。其中京津冀地区的人口主要集中在北京和天津以及河北的石家庄和保定,其他中小城市对人口吸纳力度较小,人口空间布局形成了"双核极化"结构,北京和天津为

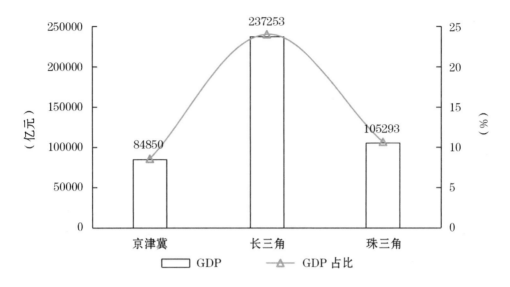

图 4-4 2019 年京津冀、长三角、珠三角经济比较

京津冀地区的人口吸纳高点,河北省现有大城市人口吸纳能力相对较弱。京津冀人口不断增加且集聚效应不断凸显(见表 4-4),人口城镇化加速推进,地区生态环境面临压力。

表 4-4 近年来京津冀人口变化格局

城市	人口规模(万人)				年均增长率(%)		
	1990 年	2000 年	2010 年	2020 年	1990—2000 年	2000—2010 年	2010—2020 年
北京	1081.9	1356.9	1961.2	2189.3	2.29	3.75	1.11
天津	878.5	984.9	1293.9	1386.6	1.15	2.77	0.69
河北省	6108.2	6668.4	7185.4	7461.0	0.88	0.75	0.38
京津冀	8068.6	9010.2	10440.5	11036.9	1.11	1.48	0.56

数据来源:1990 年第四次人口普查,2000 年第五次人口普查,2010 年第六次人口普查,2020 年第七次人口普查。

二、京津冀绿色发展的结构效应

绿色发展的结构效应主要体现在产业结构和能源消费结构两个方面。第二产业重工业占比偏高、能源结构偏煤炭等结构性问题是制约地区工业化转型升级的重要因素,京津冀地区产业结构和能源消费结构问题短期内无法实现根本转变。

1. 从产业结构来看,京津冀地区尤其是天津、河北两地的第二产业占比长期处于较高的水平

近年来,随着京津冀协同深入发展以及经济发展理念的调整,三地产业结构不断更新优化,河北省的第二产业占比更是由 2011 年的 53.9% 下降到 2019 年的 38.8%;2019 年北京第三产业对地区生产总值的贡献率为 83.5%,处于后工业化阶段;天津、河北第三产业对地区生产总值的贡献率分别为 63.5% 和 51.3%(见表 4-5),尤其是河北省的钢铁、水泥、冶金等重工业问题仍然突出,与北京相比仍有较大进步空间。从行业结构来看,京津冀三地行业结构变化明显,北京行业结构以服务业为主导,且其他服务业占比呈上升趋势;天津和河北的工业增加值偏大的特征依然明显,工业增加值占比呈下降趋势,其中,天津工业增加值占比降幅最大,从 2005 年的 51% 下降到 2019 年的 31.2%。借鉴徐德云(2008)提出的产业结构升级系数,对京津冀三地产业结构升级情况(见表 4-6)进行分析,结果表明,京津冀三地产业结构升级系数均呈现不断增大的趋势,北京和天津的产业结构升级系数变化较大,河北的产业结构升级系数相对较低,表明河北的产业结构升级还有较大空间。

表 4-5 2010—2017 京津冀地区与全国的三产结构情况　　　　单位:%

年份	北京			天津			河北		
	一产	二产	三产	一产	二产	三产	一产	二产	三产
2010	0.87	23.56	75.57	1.41	52.84	45.75	12.57	52.50	34.93
2011	0.83	22.63	76.54	1.23	52.86	45.91	11.85	53.54	34.60
2012	0.83	22.16	77.01	1.13	52.17	46.70	11.99	52.69	35.31

续表

年份	北京			天津			河北		
	一产	二产	三产	一产	二产	三产	一产	二产	三产
2013	0.79	21.61	77.61	1.06	50.89	48.06	11.89	51.97	36.14
2014	0.73	21.25	78.02	0.99	49.69	49.31	11.72	51.03	37.25
2015	0.59	19.68	79.73	0.97	47.15	51.89	11.54	48.27	40.19
2016	0.51	19.26	80.23	0.94	42.45	56.61	10.89	47.57	41.54
2017	0.43	19.01	80.56	0.91	40.94	58.15	9.20	46.58	44.21
2018	0.40	16.5	83.1	0.90	40.5	58.6	9.30	44.5	46.2
2019	0.30	16.2	83.5	1.3	35.5	63.5	10.0	38.7	51.3

数据来源：国家统计局。

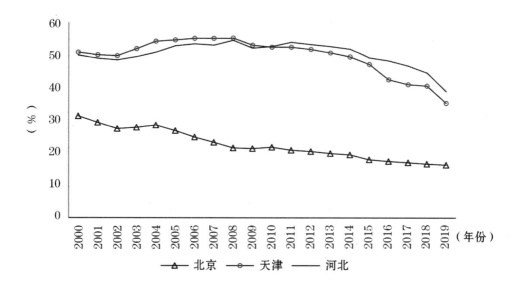

图 4-5　2000—2019 年京津冀地区第二产业占比情况

表 4-6 2019 年京津冀行业结构情况

行业	北京 增加值（亿元）	北京 增加值占比（%）	天津 增加值（亿元）	天津 增加值占比（%）	河北 增加值（亿元）	河北 增加值占比（%）
农林牧渔业	116.2	0.34	191.6	1.36	3727.6	10.6
工业	4240.9	12.0	4394.3	31.15	11503.1	32.8
建筑业	1513.7	4.27	693.8	4.93	2129.9	6.1
交通运输、仓储和邮政业	1024.9	2.91	787.7	5.60	2916.1	8.3
批发零售业、住宿、餐饮业	3397.3	9.59	1542.0	10.94	3340.0	9.5
金融业、房地产业及其他	25077.8	70.89	6496.0	46.10	11489.9	32.8

数据来源：2020 年《中国统计年鉴》。

表 4-7 2000—2019 年京津冀地区产业结构升级系数

年份	北京	天津	河北
2000	2.63	2.41	2.16
2001	2.65	2.42	2.17
2002	2.68	2.43	2.20
2003	2.68	2.41	2.20
2004	2.67	2.39	2.17
2005	2.69	2.40	2.19
2006	2.71	2.40	2.21
2007	2.73	2.41	2.21
2008	2.75	2.41	2.20
2009	2.75	2.44	2.21
2010	2.76	2.45	2.22

续表

年份	北京	天津	河北
2012	2.77	2.46	2.24
2013	2.77	2.47	2.25
2014	2.78	2.48	2.27
2015	2.79	2.51	2.28
2016	2.80	2.56	2.30
2017	2.80	2.57	2.31
2018	2.81	2.58	2.35
2019	2.83	2.59	2.38

2. 从产业结构相似度来看,天津和河北两地产业趋同现象较为明显

采用联合国工业发展组织提出的产业结构相似系数衡量京津冀三地产业的趋同情况,一般来说,0.85 为两地产业结构相似度高低的判断标准。结果表明,随着京津冀协同发展的不断推进,三地产业趋同现象得到了一定程度的缓解,北京和河北两地产业结构往趋异的方向发展,天津和河北两地三次产业结构始终呈现较高的相似度,产业同构现象显著,尤其是两地均有石化、钢铁等主导产业(见图4-6、表4-8)。

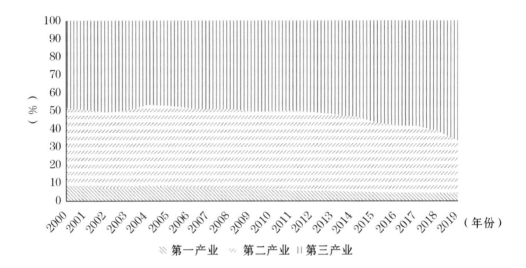

图 4-6　2000—2019 年京津冀三地产业结构情况

表 4-8　2000—2019 年京津冀地区产业结构相似系数

年份	京津	京冀	津冀
2000	0.92	0.85	0.97
2001	0.91	0.84	0.97
2002	0.90	0.83	0.97
2003	0.89	0.83	0.97
2004	0.88	0.81	0.98
2005	0.86	0.80	0.97
2006	0.85	0.78	0.97
2007	0.83	0.76	0.98
2008	0.82	0.73	0.98
2009	0.81	0.76	0.98
2010	0.80	0.76	0.97
2011	0.80	0.76	0.98

续表

年份	京津	京冀	津冀
2012	0.81	0.75	0.98
2013	0.80	0.75	0.98
2014	0.82	0.76	0.98
2015	0.80	0.80	0.96
2016	0.80	0.79	0.98
2017	0.79	0.80	0.97
2018	0.78	0.79	0.96
2019	0.79	0.78	0.96

3. 从能源消费总量和能源消费增速来看，近年来京津冀地区能源消费总量呈逐年上升趋势

社会经济的快速发展伴随着能源消费的持续增长，尤其是河北省处于工业化进程不断加快、城市规模持续发展阶段，能源消费总量远远高于北京和天津。2010—2019 年，京津冀地区能源消费总量由 38458 万吨标准煤增长到 48166 万吨标准煤（见图 4-7），年均增速为 2.5%。其中，河北省能源消费占比最大，2019 年其能源消费占京津冀地区总量的 67.6%。与此同时，京津冀地区能源消费增速总体呈下降的趋势，尤其是天津能源消费增速由 2010 年的 16.67% 下降到 2019 年的 -7.05%。

4. 从能源消费结构来看，能源消费结构与消费效率和京津冀地区绿色发展紧密相关

据测算，城市人均能源消费量是农村人均能源消费量的 3 倍左右，城镇化的推进伴随着人口规模、产业结构、经济增长方式的变化，京津冀地区快速发展导致能源需求的大幅度提升。京津冀地区能源消费结构不合理，能源消费以煤炭和石油消费为主，尤其是河北和天津煤炭消费占比较高，以煤炭消费为主。2014 年，京津冀地区能源消费量占全国的 11.3%，其中煤炭消费量占能源消费总量的

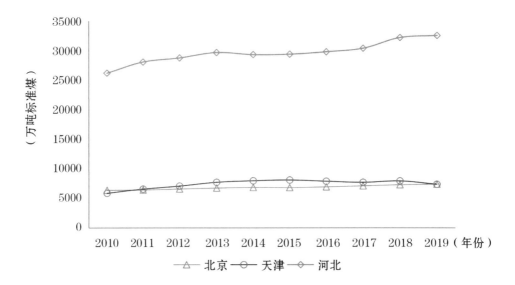

图 4-7 2010—2019 年北京、天津及河北能源消费总量

数据来源：根据《北京统计年鉴》《天津统计年鉴》《河北经济年鉴》数据计算整理。

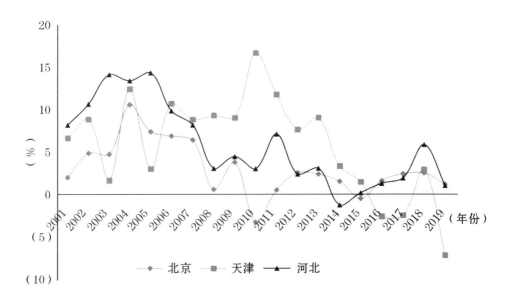

图 4-8 2010—2019 年北京、天津及河北能源消费同比增速

72%,比全国平均水平高出5个百分点。2019年京津冀三地煤炭消费分别占总能源消费的71.5%和39.9%。2000—2019年,河北省煤炭消费量从12115万吨上升至28738万吨,年均增长4.7%,焦炭消费量从1228万吨增长到9372万吨,年均增长11.3%,"一煤独大"现象仍然显著,河北省以煤炭为主导的能源消费结构调整潜力和空间较大。从人均用能总量和结构来看,京津冀人均生活用能源不断提高,北京人均生活用能源从2000年的407.1千克标准煤增加到2019年的785.3千克标准煤,年均增长率为3.52%,汽油和天然气的生活用能源消费快速上升,特别是汽油的人均生活用能源由2000的31.4升上升到2019年的235.4升,增长了6倍,年均增长率为11.18%。京津冀地区以煤炭为主的能源消费结构,一方面,由于煤炭资源有限致使能源消费不具有可持续性;另一方面,大量煤炭消费加重地区环境污染。京津冀地区绿色发展过程中,亟待创新能源消费理念,调整能源消费结构,构建与绿色发展相适应的绿色能源消费模式,同时也应着力建设与能源需求相适应的绿色发展框架体系。

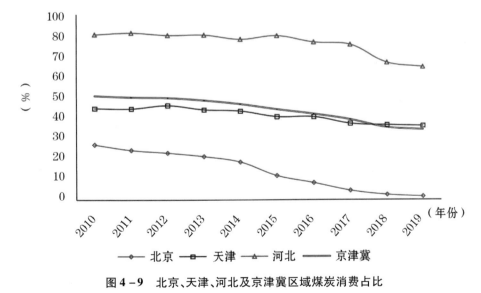

图4-9 北京、天津、河北及京津冀区域煤炭消费占比

数据来源:根据《北京统计年鉴》《天津统计年鉴》《河北经济年鉴》数据计算整理。

表 4-9 2000—2019 年北京人均生活用能源

年份	合计（千克标准煤）	煤炭（千克）	电力（千瓦时）	液石化油气(千克)	天然气（立方米）	汽油（升）
2000	407.1	223.6	363.6	13.7	16.4	31.4
2001	408.2	209.6	392.5	13.1	18.7	38.4
2002	415.8	156.0	445.8	16.3	24.1	50.7
2003	472.7	187.8	488.2	20.2	28.4	61.8
2004	509.8	167.6	546.2	22.2	32.9	72.2
2005	537.4	154.1	586.8	20.8	37.4	93.5
2006	579.4	169.9	610.8	15.2	53.5	113.5
2007	613.5	169.1	651.1	16.8	54.8	136.5
2008	620.4	148.4	674.8	12.8	53.1	153.8
2009	642.7	150.7	709.4	12.5	54.3	162.1
2010	650.2	173.6	729.1	11.3	53.1	164.9
2011	663.2	167.1	727.2	10.7	52.7	167.6
2012	693.2	159.0	791.8	9.3	56.5	174.4
2013	687.5	147.7	750.6	9.9	57.1	180.7
2014	705.3	137.6	793.5	11.1	59.6	182.5
2015	695.5	126.3	808.7	11.6	63.7	194.3
2016	714.2	110.8	899.9	12.1	59.0	198.3
2017	761.0	83.3	1004.0	12.0	75.5	207.3
2018	782.6	35.2	1185.5	11.0	65.2	226.3
2019	785.3	22.6	1168.1	8.7	67.7	235.4

5.从碳排放总量和结构计算京津冀地区碳排放量

碳排放量的计算主要基于能源消费量乘以碳排放系数的方法，碳排放系数主要参考《2006 年 IPCC 国家温室气体清单指南》，能源数据主要来自《中国能源统计年鉴》地区能源平衡表，各种能源折标煤系数来自《中国能源统计年鉴》，基于此测算京津冀碳排放量。1995—2017 年,京津冀区域石化燃料燃烧排放的二氧化碳从 39621 万吨增长到 108662 万吨,其中 2013 年达到碳排放峰值(112175 万吨),2013 年以后碳排放总量下降趋势较缓慢,碳排放量有可能再次出现上升。从产业碳排放总量来看,第二产业碳排放量趋势与京津冀区域总碳排放量走势一致,呈现出先增长后下降的态势,2013 年京津冀地区第二产业碳排放量达到峰值,为 94225 万吨。第三产业碳排放量呈现不断上升趋势,这与京津冀地区近年来产业结构调整优化有关,河北和天津的第三产业占比不断提升,使得第三产业的碳排放量也有所提升。第一产业碳排放总量基本稳定在 2000 万吨左右,近年来增长态势较为缓慢。从各产业碳排放占比来看,京津冀地区第一产业碳排放占比不断下降,从 1995 年的 2.8% 下降到 2017 年的 2.1%;1995—2017 年,第二产业的碳排放量占比从 86.9% 下降到 81.4%,第三产业的碳排放量占比从 1995 年的 10.2% 增长到 2017 年的 16.5%。从碳排放强度与人均碳排放走势来看,京津冀地区单位 GDP 石化燃料燃烧的碳排放强度不断下降,2017 年碳排放强度为 1.14 吨/万元;人均石化燃料燃烧碳排放量呈现先上升后下降的趋势,2011 年达到 9.18 吨/人,随后缓慢下降到 2017 年的 8.15 吨/人。

表 4 – 10 能源标准煤折算系数和碳排放系数

能源种类	标煤转化系数 (千克标准煤/千克)	碳排放系数 (千克/千克标准煤)
原煤	0.714	0.756
焦炭	0.971	0.855
原油	1.428	0.585
汽油	1.471	0.55
煤油	1.471	0.571
柴油	1.457	0.592
燃料油	1.428	0.618
天然气	13.300	0.448

三、京津冀绿色发展的技术效应

技术进步可在一定程度上反映经济发展对能源的依赖程度,这一转变体现出能源消耗强度和能源消费弹性系数的不断变化。能源消费弹性系数反映能源消费增速与经济增长速度的关系,能源消费弹性系数越大,经济增长与能源消费的关系越密切。能源消耗强度反映万元国内生产总值的能源消费量,体现出能源利用效率,能耗强度越大,则表示单位能源消耗的经济产出越低,能源效率越低。

从能源消费弹性系数来看,京津冀能源消费弹性系数小于1(见表4-11),且没有明显的趋势关系,表明京津冀经济增长与能源消费增长的关系正在脱钩,也体现了京津冀经济不断实现低碳绿色转型。近年来,京津冀地区资源利用效率大幅提升,通过对"小散乱污"企业进行治理整顿和对重点行业能源利用结构的优化,京津冀地区70%以上的企业达到了超低排放,区域能耗持续下降,2013—2019年,京津冀万元GDP能耗累计下降27.9%,北京、天津、河北分别下降24.5%、27.3%和31.9%。从能源消耗强度来看,2000—2019年,京津冀地区和全国的能源消耗强度不断下降,北京、天津的能耗强度一直低于全国平均水平,河北的能耗强度虽然呈现下降趋势,但与北京、天津以及全国平均水平相比,仍有较大的进步空间(见图4-11),2019年,河北省万元国内生产总值能耗约为1吨标准煤,大大高于北京(0.23万吨标准煤)和天津(0.52万吨标准煤)。同时,2019年,河北的单位碳排放强度分别是北京和天津的10.4倍和2.3倍,这与河北省产业结构偏重钢铁、建材、石化、电力等行业有关。2019年河北工业碳排放强度为7.3吨/万元,分别是北京和天津的6.4倍和2.9倍,短期内河北以重工业引领的经济增长模式不会得到根本转变,河北能耗强度、碳排放强度的降低仍然任重道远。

表4–11 2005—2019年京津冀能源消费弹性系数

年份	北京	天津	河北	全国
2010	0.56	0.92	0.59	0.69
2011	0.07	0.70	0.22	0.76
2012	0.34	0.58	0.33	0.49
2013	0.32	0.61	-0.14	0.47
2014	0.22	0.33	-15.38	0.36
2015	0.04	0.15	0.04	0.19
2016	0.24	—	0.20	0.25
2017	0.36	—	0.30	0.46
2018	0.38	0.56	0.90	0.52
2019	0.21	0.90	0.19	0.54

数据来源：根据《北京统计年鉴》《天津统计年鉴》《河北经济年鉴》数据计算整理。

表4–12 2019年京津冀工业内部产业结构与碳排放强度

行业	北京		天津		河北	
	营业收入（亿元）	碳排放强度（吨/亿元）	营业收入（亿元）	碳排放强度（吨/亿元）	营业收入（亿元）	碳排放强度（吨/亿元）
采矿业	533	37.6	1325	1781.0	47191	837.5
制造业	16832	265.0	16880	3291.9	39795	11896.0
电热燃气及水生产供应业	5760	5558.1	1231	55216.0	3546	92850.0

数据来源：营业收入数据来自京津冀三地第四次全国经济普查公报。

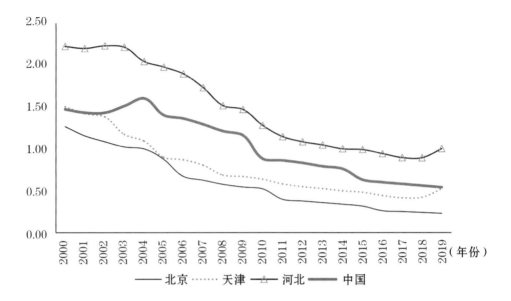

图 4-10 北京、天津、河北及全国能源消耗强度

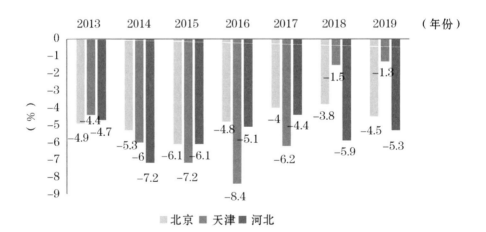

图 4-11 2013—2019 年京津冀万元国内生产总值能耗下降情况

数据来源：根据《北京统计年鉴》《天津统计年鉴》《河北经济年鉴》数据计算整理。

第二节　京津冀绿色发展评价

对京津冀绿色发展程度进行评价，首先需要选取评价指标体系。评价指标的选取数量应科学合理，评价指标的选取需在动态过程中平衡确定。为确保评价结果的科学性和合理性，选取评价指标体系时应遵循以下原则：一是设计指标体系应能抓住绿色发展的特点，指标体系应具有针对性。在基本概念和逻辑结构上体现出科学合理性，同时以客观现实为基础，强调指标体系的综合功能，避免采用模糊的描述性指标，尽可能采用可量化的数据指标。二是系统性、层次性相结合原则。评价指标应能够全面反映绿色发展评价的主要方面；指标体系内部各指标之间应体现结构合理、协调统一，同时各指标间应避免相互关联和重叠，相互间不存在因果关系。进行绿色发展评价时，需要从系统的整体角度出发研究系统内部各个组成部分的有机联系以及其与系统外部间的关联。需从宏观上整体把握、分析和评价。三是定性与定量相结合原则。可以对定性的指标体系进行量化，将其融入其他定量指标体系中，一些定量指标的性质和量纲也有所区别，为保证评价的合理性和科学性，需要对评价指标进行无量纲化处理。四是动态性原则。绿色发展评价本身是一个动态的过程。因此，可设置动态评价指标体系反映这一过程。这种动态指标体系须反映绿色发展的现状、潜力以及演变趋势，并能揭示其内在发展规律。

本研究采用层次分析法（Analytic Hierarchy Process，AHP）对京津冀绿色发展水平进行评价。层次分析法是定性与定量相结合的评价方法。定性评价主要通过半结构式访谈和调查问卷了解专家和政府人员对京津冀绿色发展情况的理解，定量评价主要通过层次分析法确定京津冀绿色发展指标的权重。

评价京津冀绿色发展过程中，不同的指标对评价结果的影响程度不同。为了正确反映各类分项指标对整个有效性影响的重要程度,通过加权的方法予以修正。重要的指标赋予较大的权重,相对次要的指标赋予较小的权重。权重系数一般以某种数量形式对比、权衡被评价事物总体中诸因素相对重要程度的量值。同一个评价指标如果权重系数不同,得出的评价结论将具有很大的差异性。因此,如何合理确定评价指标的权重对有效性评估具有重要意义。

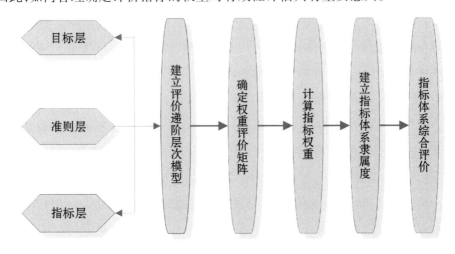

图4-12 京津冀绿色发展评估方法

在确定指标权重时,由于评价者对每个指标的重视程度不同,需考虑评价者的主观差异。此外,不同指标在评价中所起的作用不同,应考虑指标间的客观差异性。评价指标的权重系数是在评价中反映指标的相对重要程度。指标权重的确定需要着重考虑以下三个方面:一是评价者的主观差异,即评价者对每个指标的重视程度和认知程度不同;二是评价指标间的客观差异,即各评价指标在评价中所起的作用不同;三是评价指标的可靠程度不同,即指标所提供的信息的可靠性不同。权重系数初步确定后,需要对指标进行归一化处理(0-1之间),各指标权重加和等于1。根据计算权数时原始数据的来源不同,确定指标权重的方法主要有特征向量法、层次分析法、熵值法等。根据绿色发展评价指标的来源和特点,本研究采用层次分析法确定指标的权重系数,层次分析法是确定评价指标权重常用的有效方法之一。传统的层次分析法旨在通过对复杂的评价对象进行分层分析,将复杂的评估系统分解为多层级多准则(如目标层、中间层、指标层)的简化系统,通过准则的成对比较量化后,建立比较矩阵,然后通过计算判断矩阵的特征向量,判定是否通过一致性检验,通过对各层次准则权重开展关联层次的串合,最终求出最底层(评价指标)于最高层(评价总目标)的相对重要性,从而对各元素进行等级的排序,进而得到评估分析所需信息。

传统的层次分析方法建立在判断矩阵的基础上,通常情况下,判断矩阵存在一定的主观性,为使评价更为客观,本研究引入群组决策的概念——群组层次分析(Multi-AHP),即通过模拟人思维中的判断、分解和综合,将专家由一位扩大到 N 位,将判断矩阵由一组扩大到 N 组,通过对比较判断结果的综合计算处理,确定指标体系的权重,为决策者提供定量化的决策依据,如表 4-13 所示。

表 4-13 群组层次分析法对照表

思维模式	群组层次分析
分解	将复杂的指标评价系统分解为有序的阶梯层次结构模型
判断	不同指标相对重要性两两对比,建立判断矩阵
综合	单层指标排序和总体指标排序

群组层次分析过程体现了人的思维过程,即分解、判断、综合。计算步骤如下(对书文而言,设有 20 位专家,15 个评价指标)。

建立递阶层次结构模型。应用层次分析法确定指标权重时,需要构建出层次化合理化的结构模型,上一层次的元素作为准则对下一层次有关元素起支配作用。一般可分为三个层次:目标层,分析问题的评价目标或理想结果;中间层,为实现评价目标所涉及的中间环节,可以由若干层次组成,包括所需考虑的准则、子准则,也称为准则层。本研究的准则层包括二级指标。指标层,包括为实现目标的各具体评价指标或措施、决策方案等。本研究的指标层包括所有三级评价指标。

构建判断矩阵。建立层次结构后,对各层次中的目标层、准则层和指标层两两比较其重要性,构建判断矩阵,导出权重。在构建判断矩阵时,采用 1~9 标度,即将两个对象区分为"同样重要""稍微重要""重要""重要得多"和"绝对重要"几个等级,在相邻两级中再插入一级,共 9 级,构成一个判断矩阵(表 4-14)。

表 4-14　相对重要值说明表

相对重要值	重要性描述
1	与 A 指标同等重要
3	比 A 指标稍重要
5	比 A 指标明显重要
7	比 A 指标强烈重要
9	比 A 指标绝对重要
2,4,6,8	两标度之间的中间值

当相互比较因素的重要性能够用具有实际意义的比值说明时,判断矩阵相应的值则可取这个比值。判断矩阵的一般形式如表 4-15 所示。

表 4-15　各评价因素的权重判断矩阵

A_k	C_1	C_2	C_3	C_4	C_5	C_6	C_7	C_8	C_9
C_1	1	1/3	1/7	1/5	1/5	1/6	1/5	1/3	1/4
C_2	3	1	7/5	1/3	1/2	1/5	1	1/2	1
C_3	…	…	…	…	…	…	…	…	…
C_4	…	…	…	…	…	…	…	…	…

续表

A_k	C_1	C_2	C_3	C_4	C_5	C_6	C_7	C_8	C_9
C_5	…	…	…	…	…	…	…	…	…
C_6	…	…	…	…	…	…	…	…	…
C_7	…	…	…	…	…	…	…	…	…
C_8	…	…	…	…	…	…	…	…	…
C_9	…	…	…	…	…	…	…	…	…

层次排序及一致性检验。首先计算判断矩阵 A 的每行元素的乘积,根据判断矩阵求出最大特征根 λmax 及其所对应的特征向量 w,所求特征向量 w 经归一化处理后作为各元素的排序权重。由于在构建判断矩阵时各指标的标度具有一定的主观性,为了使层次分析法分析得到的结果基本合理,在求得 λmax 后需要进行一致性检验,还需要引入判断矩阵的平均随机一致性指标 RI,对于 1~9 阶判断矩阵,RI 值如表 4-16 所示。

表 4-16 平均随机一致性指标 *RI*

n	1	2	3	4	5	6	7	8	9
RI	0	0	0.58	0.90	1.12	1.24	1.32	1.41	1.45

当判断矩阵的 $C_R < 0.1$ 时或 λmax = n,CI = 0 时,认为矩阵具有满意的一致性,否则,要调整判断矩阵的元素取值,重新分配权系数的值,使其具有满意的一致性。

专家相对权重的确定。计算专家指标的相对权重,进而得到最终的各级各个评价指标的权重系数。

国家发展改革委、国家统计局、环境保护部(今生态环境部)、中央组织部制定了《绿色发展指标体系》,本书参照该指标体系,同时结合京津冀发展情况,确定京津冀绿色发展评价指标(表4-17),根据上述指标权重设置方法,计算指标权重。

表4-17 京津冀绿色发展评价指标体系

准则层	指标层
绿色增长 (0.20)	人均GDP(元)
	人均GDP增长率(%)
	第三产业占比(%)
	居民人均可支配收入(元)
绿色治理 (0.25)	生活垃圾无害化处理率(%)
	二氧化硫排放量(万吨)
	污水集中处理率(%)
绿色环境 (0.30)	空气优良率(%)
	地表水劣V类水体比例
	单位GDP能耗(吨标准煤/万元)
	森林覆盖率(%)
	建成区绿化率(%)
绿色政策 (0.25)	环境保护支出占财政支出比重(%)
	科教文卫支出占财政支出比重(%)
	环境污染治理投资占GDP比重(%)

采用功效函数模型对指标进行无量纲化处理和标准化处理,进而计算京津冀绿色发展指数。结果表明,2010—2018年,京津冀绿色发展指数整体呈现上升趋势。北京由2010年的0.45上升到2018年的0.81,天津从2010年的0.52上升到2018年的0.75,河北省由2010年的0.43上升到2018年的0.64(见表4-18)。2014年之后,京津冀协同发展战略对三地的绿色经济有明显的正向影响,

其中,北京、天津的绿色发展水平相对河北有较为稳定和有效的提升,未来,河北省还需要不断提升绿色发展水平。

表 4-18　京津冀绿色发展指数水平

地区	2010	2011	2012	2013	2014	2015	2016	2017	2018
北京	0.45	0.49	0.61	0.62	0.68	0.71	0.76	0.80	0.81
天津	0.52	0.55	0.60	0.63	0.66	0.69	0.72	0.73	0.75
河北	0.43	0.46	0.49	0.53	0.59	0.60	0.61	0.63	0.64

第三节　京津冀协同发展的经济联系分析

近年来京津冀各城市的经济发展水平不断提高,但城市间发展不平衡,因此有必要对京津冀不同城市间的经济联系和经济辐射程度进行测度研究,进而提出推动京津冀城市群协调发展的对策建议,这对于优化京津冀空间发展策略、推进京津冀城市群一体化发展具有一定的现实意义和理论支持。

京津冀城市群经济联系强度测算方法。通过城市引力模型,对京津冀城市群经济联系强度进行测算分析。引力模型是基于牛顿万有引力公式衍生而成,用于衡量不同城市经济相互作用大小的模型,计算公式如下:

$$E_{ij} = (\sqrt{P_i \times G_i} \times \sqrt{P_j \times G_j})/D_{ij}^2 \qquad (1)$$

其中,E_{ij} 为城市 i 对城市 j 的经济引力,即经济联系强度;P_i 和 P_j 为两个城市的人口总量;G_i 和 G_j 为两个城市的经济发展水平;D_{ij} 为两个城市间的交通最短距离。

京津冀城市集聚与辐射影响程度测算方法。运用城市的产业外向功能量模

型,通过区位熵计算对京津冀各城市集聚与辐射影响度进行分析,计算公式如下:

$$E_{im} = \frac{C_{im}/C_i}{C_m/C}\qquad(2)$$

式中,E_{im}表示城市 i 的产业 m 的产值,C_i 为城市 i 地区产值,C_m 为全国 m 产业产值,C 为全国产业产值。当 E_{im} 大于 1 时,说明城市的外向功能量大于 0,当 E_{im} 小于 1 时,说明城市的外向功能量小于 0。

据此得出城市 i 所有产业外向功能量总和 E_i 为:

$$E_i = \sum_{i=1}^{n} E_{im}\qquad(3)$$

选取的研究范围涵盖北京、天津,以及河北省的石家庄、承德、张家口、秦皇岛、唐山、廊坊、保定、沧州、衡水、邢台、邯郸 11 个地级市。本文所选数据来自《北京统计年鉴》《天津统计年鉴》《河北经济年鉴》《中国城市统计年鉴》以及《中国高速公路及城乡公路网地图册》。

一、京津冀经济联系强度分析

对北京与天津和河北省各城市的经济联系强度进行分析,结果表明,北京与天津的城市经济引力最大,为 12700×10^7 亿元,其次为廊坊、保定和唐山,城市引力为分别为 1782×10^7 亿元、1576×10^7 亿元和 1315×10^7 亿元(见图 4 – 13)。北京与承德、邢台、张家口、衡水、邯郸、秦皇岛等城市的引力较小,其中与秦皇岛的城市引力最小,仅为 34×10^7 亿元。

对天津与北京和河北省各城市的经济联系强度进行分析,结果表明,天津与北京的城市引力最大,其次为唐山、沧州和廊坊,城市引力分别为 1209×10^7 亿元、1034×10^7 亿元和 409×10^7 亿元(见图 4 – 14)。天津与邯郸、邢台、秦皇岛、承德、衡水和张家口的城市引力较小,其中天津与张家口的城市引力最小,仅为 24×10^7 亿元。

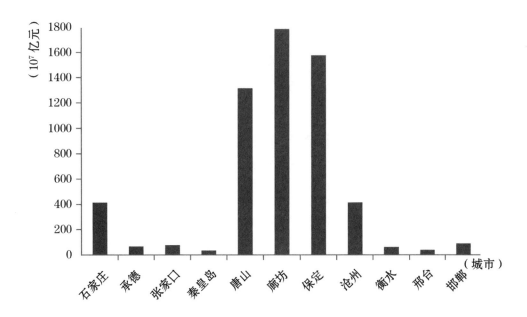

图4-13 北京对河北省经济联系强度

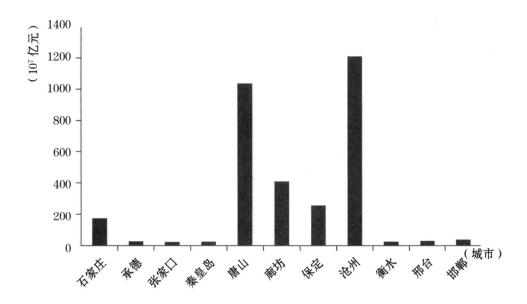

图4-14 天津对河北省的经济联系强度

综上所述,京津冀城市群经济联系具有以下几个特点:第一,北京和天津是京津冀城市群的两个经济增长极,其中,北京—天津、北京—廊坊、天津—沧州、北京—保定的经济联系较为紧密。河北省各城市中,廊坊受北京和天津的辐射力度较强,廊坊距离北京和天津较近,具有明显的区位优势,较好地承接了北京的产业转移和居住功能转移,与北京的经济联系较强。第二,北京与天津的经济联系最强,这与北京、天津的行政地位有关。北京作为首都,天津作为直辖市,在经济发展中具有一定的政策优势,北京与天津的产业互补性较强,北京以第三产业为主,天津具有工业生产和港口产业,天津与北京在城市建设与经济发展方面具有相互吸引力。第三,京津冀各城市的地理位置与经济联系强度有一定的关系。在地理位置上离北京、天津较远的城市,如张家口、承德、邢台、邯郸、秦皇岛等城市,受到北京和天津的经济辐射较小。

二、京津冀各城市集聚与辐射影响量分析

对京津冀各城市外向功能量的区位熵进行计算(见图4-15),结果表明:

(1)北京第一、二、三产业的区位熵值分别为0.07、0.6和1.73,其中第三产业区位熵最大,说明北京第三产业存在外向功能量,辐射效应比较大,第一产业和第二产业的区位熵均小于1,第一产业区位熵最小,说明北京的第一产业和第二产业不存在外向功能量,即不存在对外辐射效应。

(2)天津第一、二、三产业的区位熵值分别为0.11、1.14和1.08,说明天津的第二产业和第三产业存在外向功能量,产业集聚与辐射效应较大。

(3)河北第一、二、三产业的区位熵值分别为1.19、1.16和0.79,表明河北的第一产业和第二产业存在外向功能量,产业集聚与辐射效应较大。在河北不同城市产业发展中,衡水第一产业的区位熵最大,为1.93,唐山第二产业的区位熵最大,为1.31,秦皇岛第三产业的区位熵最大,为1.05。除秦皇岛外,河北省其他城市第三产业的区位熵均小于1,说明河北第三产业发展水平较低,对外辐射效应较低。

对京津冀不同城市的外向功能量进行分析,结果表明,北京和天津的总外向功能量最大,这两个城市的集聚和辐射功能远大于其他城市,可见,在京津冀协

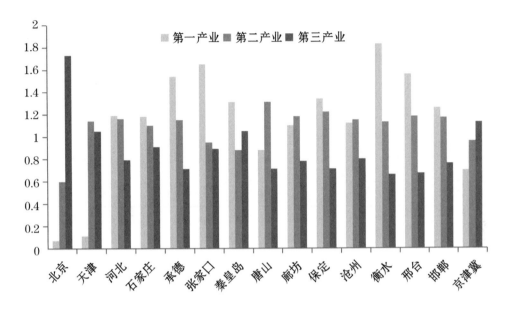

图 4-15 京津冀各城市产业区位熵

同发展过程中,北京和天津的发展形式会对其他城市产生较大的影响。在河北省各城市中,唐山和石家庄的外向功能较大,保定、沧州和邯郸的外向功能相对较高,承德、衡水和张家口的外向功能最小(见表 4-19、图 4-16)。

表 4-19 京津冀各城市外向功能量

城市	第一产业	第二产业	第三产业	总外向功能量
北京	0	0	13492	13492
天津	0	6329	3801	10131
石家庄	501	2204	0	2705
承德	183	623	0	806
张家口	202	0	0	202
秦皇岛	150	0	541	691
唐山	0	3319	0	3319

续表

城市	第一产业	第二产业	第三产业	总外向功能量
廊坊	193.1	961	0	1154
保定	262	1479	0	1741
沧州	304	1462	0	1766
衡水	186	517	0	703
邢台	234	826	0	1061
邯郸	367	1599	0	1966

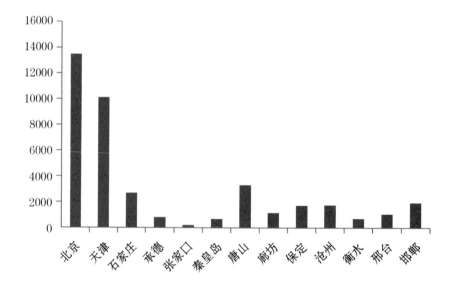

图 4-16 京津冀各城市外向功能总量

实现京津冀城市群的协同发展，首先，在国家层面上建立京津冀跨区域城市协调发展机制，突破省际和城际的经济与行政障碍，实现城市群体制机制的协调合作，推动京津冀城市群各城市协同发展。其次，推动京津冀城市群内交通一体化发展，以交通为突破口，实现京津冀基础设施的互联互通，加强城市公共交通体系及城际快速轨道交通为核心的交通网络的建设及优化。最后，充分发挥北京、天津两个核心城市在政策引领、科技带动、产业调整等方面的驱动辐射作用,河北省积极利用土地、劳动力和其他资源等优势,承接北京和天津的产业转移功能,同时积极落实河北省各城市产业结构的升级优化,建设以劳动力资源和基础产业资源供给为特色的产业服务与配套体系。

第四节 京津冀经济与绿色环境协调发展

城市是经济社会系统和生态环境系统有机结合的产物,经济社会与生态环境的协调程度对城市发展质量和发展前景具有重要的影响。近年来,我国城市化进程不断加大,由此带来的生态环境问题不容小觑,如何协调城市经济社会发展与生态环境的关系,实现城市的绿色发展,成为当前亟待解决的问题。国内外学者对此展开了相关研究。

国外学者在研究城市化与生态环境方面,重点关注城市化与生态环境的耦合规律,如格鲁斯曼(Grossman,1995)等验证了城市发展与生态环境的库兹涅茨曲线特征(EKC),布朗(Brown,1997)从经济、资源、环境相互作用方面提出城市发展能值可持续指标,沃尔特(Walter,2013)认为城市的可持续发展必须建立在资源环境的合理有效利用的基础上。在研究城市化与生态环境作用关系的方法上,主要通过经验数据的情景分析和建模分析,如有学者(Varis,2002)通过神经网络模型探讨了城市发展对流域生态环境的影响。

我国对城市发展与生态环境协调关系的研究重点在耦合模型的建立和实证研究,如马世俊(1984)等构建了"社会—经济—自然复合生态系统"理论,揭示了经济、社会与自然环境三个系统的相互作用机制。方创琳(2006)等提出了城市化与生态环境耦合发展的定律。刘耀彬(2005)建立了城市化与生态环境耦合系统的评价指标体系和模型,并对中国省区城市化与生态环境的耦合程度进行定量分析。宋学锋(2006)等通过系统动力学方法,对江苏省的城市化与生态环境耦合作用情况进行了模拟分析。

本研究通过建立适合京津冀经济社会与生态环境质量评价的指标体系和耦合协调度模型,对京津冀经济社会与生态环境之间的耦合协调发展水平进行研究,并进行耦合协调发展度的时空差异性分析。

一、京津冀经济与生态环境协调分析

在对国内外城市群经济社会、生态环境相关指标进行理论分析和频度统计的基础上,按照全面性、科学性、系统性等原则,结合京津冀城市化特点,构建反映京津冀城市化的与生态环境相关指标体系。

经济社会发展指标层面,选取经济增长、空间发展、人口发展、社会效益作为评价指标;生态环境层面,选取生态状态、资源状态、生态环境压力、生态环境保护作为评价指标(表4-20)。研究所需数据来自《中国统计年鉴》《中国城市统计年鉴》《北京市统计年鉴》《天津市统计年鉴》《河北省统计年鉴》。采用功效函数模型对指标进行无量纲化处理和标准化处理,分别通过层次分析法和熵值法对指标体系赋权重,取两种权重的均值作为最终的指标权重。

表4-20 经济社会与生态环境发展耦合协调度评价指标

目标层	准则层	权重	指标层	权重
经济社会	经济增长	0.30	人均GDP(元)	0.40
			第三产业产值占GDP比重(%)	0.35
			城镇居民人均可支配收入(元)	0.25
	人口发展	0.25	非农业人口比重(%)	0.35
			城镇人口密度(万人/平方千米)	0.33
			第三产业就业人数占比	0.32
	空间发展	0.15	城镇密度(个/平方千米)	0.44
			建成区面积比重(%)	0.34
			人均道路面积(平方米/人)	0.22
	社会效益	0.30	大学学位数(个/每万人)	0.33
			社会消费品零售额(元/人)	0.35
			医生数量(人/每万人)	0.32
生态环境	资源状态	0.26	人均耕地面积(亩)	0.35
			人均可利用水资源量(立方米)	0.37
			人均粮食产量(公斤)	0.28
	生态状态	0.27	森林覆盖率(%)	0.36
			建成区绿化率(%)	0.31
			人均公共绿地面积(元)	0.34
	生态环境压力	0.27	人均工业废气排放量(立方米)	0.36
			人均废水排放量(立方米)	0.34
			人均工业固体废物产生量(吨)	0.30
	生态环境保护	0.20	城镇生活污水处理率(%)	0.36
			生活垃圾无害化率(%)	0.34
			工业固体废物综合利用率(%)	0.30

耦合度模型。耦合最初应用在物理学上,后用于表示两个或多个事物间存

在相互作用和联系。耦合度模型一般表示为：

$$C_n = \{(T_1 \cdot T_2 \cdots T_n)/[\prod(T_i+T_j)]\}^{1/n} \qquad (1)$$

耦合度可用于判别经济社会与生态环境系统的相互影响和作用的内在协同机制。根据物理学的耦合度模型，建立京津冀经济社会与生态环境的耦合度模型：

$$C = \{f(U) \cdot f(E)/[f(U)+f(E)]^2\}^{1/2} \qquad (2)$$

式中，耦合度值 C 取值[0,1]，$f(U)$ 为经济社会系统序参量，$f(E)$ 为生态环境系统序参量。C 值越大，表明系统间耦合度越好，关联作用越明显。

耦合协调度模型。耦合度能够反映系统间相互作用和影响的程度，但是无法真实反映系统间正向耦合作用的程度和协调发展水平的阶段性。因此，在耦合度模型的基础上，建立经济社会系统与生态环境系统的耦合协调度模型：

$$\begin{cases} D = \sqrt{C \times T} \\ T = \sqrt{af(U) \times bf(E)} \end{cases} \qquad (3)$$

式中，D 表示经济社会与生态环境的耦合协调度，T 表示协调指数，a、b 表示待定系数。耦合协调类型涵盖 5 个阶段，设定耦合协调度在 0.0～0.3(含 0.3)为低度耦合协调阶段，0.3～0.5(含 0.5)为较低耦合协调阶段，0.5～0.7(含 0.7)为中度耦合协调阶段，0.7～0.8(含 0.8)为较高耦合协调阶段，0.8～1 为高度耦合协调阶段。

二、京津冀经济与生态环境耦合发展的时序特征

对京津冀城市群综合发展水平进行计算，结果表明：

(1)2000—2018 年京津冀经济社会发展水平呈现不断上升的趋势(如图 4-17)。2001—2009 年，京津冀经济社会发展处于迅速上升阶段，综合发展指数由 2001 年的 0.383 上升到 2009 年的 0.841，这期间经济效益和人口发展对经济社会发展的贡献度较高；2010—2018 年，京津冀经济社会发展趋于稳定上升阶段，2013 年的综合发展指数为 0.979。

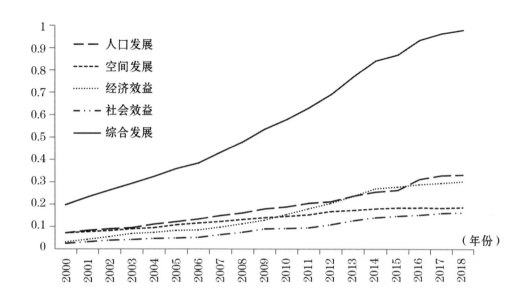

图4-17 京津冀经济社会发展综合水平评价

（2）2000—2018年京津冀生态环境发展水平呈现波动性上升趋势，与生态环境压力发展趋势趋于一致（图4-18）。2000—2007年，京津冀生态环境发展处于迅速上升阶段，综合发展指数由2000年的0.465上升到2007年的0.761，2007年前后出现一次高值波动，主要原因可能在于北京申奥成功，京津冀各地响应绿色奥运号召，生态环境保护和治理力度加大，对各项环境指标做了严格的控制。这期间生态状态和生态环境压力水平的贡献度较高。2008—2018年，京津冀生态环境发展水平呈现波动性上升趋势，这期间生态状态和生态环境保护的贡献度较高。

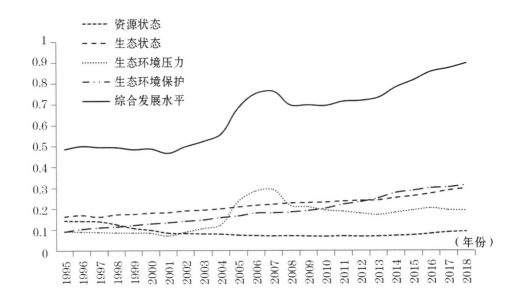

图 4-18　京津冀生态环境与经济社会耦合协调的分析

三、京津冀经济发展与生态环境耦合协调度研究

京津冀城市群经济社会与生态环境耦合协调度的变化趋势呈现出"S"型曲线,耦合协调度时序曲线先下降、后上升,整体协调状态不断优化,社会经济与生态环境逐渐呈现良性发展趋势,可以分为三个阶段(见图 4-19)。

下降阶段(1995—1998 年)。京津冀经济社会与生态环境耦合协调度呈下降趋势,耦合协调度为 0.4~0.5 之间,呈现较低耦合协调状态。这一时期京津冀生态环境相对较好,经济发展水平相对较低,经济社会的发展尚未对生态环境构成严重威胁。

快速上升阶段(1999—2007 年)。京津冀经济社会与生态环境耦合协调度呈快速增加趋势,耦合协调度从 1998 年的 0.41 上升到 2007 年的 0.81,从较低耦合协调阶段逐渐过渡到较高耦合协调阶段。这一时期京津冀经济社会迅速发展,以第二产业尤其是重工业为主,资源能源利用率较低,环境污染问题凸显,生态环境越来越受到经济发展的胁迫作用。

缓慢上升阶段(2008—2018年)。京津冀经济社会与生态环境耦合协调度呈现缓慢增加趋势,耦合协调度从2008年的0.78上升到2018年的0.90,表现为高度耦合协调状态。这一时期京津冀经济社会发展水平持续上升,生态环境保护治理取得了一定的成效,但是生态环境滞后于经济社会的发展,并逐渐成为制约经济社会发展的重要因素。

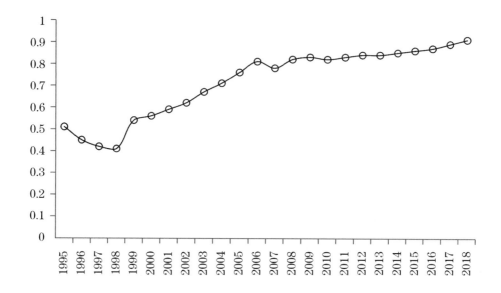

图4-19 京津冀经济发展与生态环境耦合协调度

四、京津冀经济发展与生态环境耦合作用的空间差异性分析

为探讨京津冀区域经济社会与生态环境耦合协调的空间格局及演化,本研究计算了北京市、天津市及河北省11个城市的经济社会与生态环境的耦合协调度,并绘制各城市耦合协调度态势图(见图4-20)。结果表明,2000年京津冀大部分城市经济社会与生态环境的耦合协调度为中度耦合协调状态,其中,北京市和天津市的耦合协调度最高,分别为0.762和0.704,处于较高耦合协调状态;张家口市和承德市的耦合协调度最低,分别为0.478和0.481,处于较低耦合协调状态。到2018年,北京市、天津市和石家庄市的耦合协调度最高,分别为0.921、

0.873 和 0.832，处于高度耦合协调状态；唐山市、邯郸市和廊坊市为较高耦合协调状态；其他城市为中度耦合协调状态。

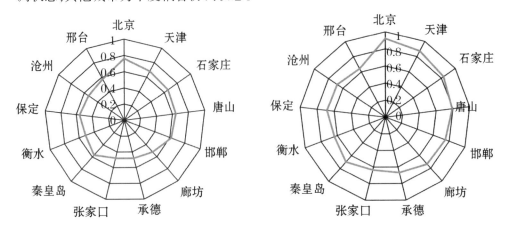

图 4-20 京津冀城市经济社会与生态环境耦合协调度（2000 年，2018 年）

进一步对京津冀地区不同城市经济社会与生态环境的耦合协调水平进行空间可视化处理。研究结果表明，2000—2018 年京津冀经济社会与生态环境耦合协调发展态势不断提高，2000 年仅北京和天津 2 个城市为较高协调耦合，中度协调耦合城市有 9 个，分别为石家庄、唐山、邯郸、廊坊、秦皇岛、衡水、保定、沧州、邢台，较低协调耦合城市有 2 个，为张家口和承德。2018 年，北京、天津和石家庄成为高度耦合协调城市，张家口、承德、秦皇岛和衡水属于经济社会滞后于生态环境发展的中度耦合协调状态，沧州、邢台属于生态环境滞后于经济社会发展的中度耦合状态。

第五章　京津冀生态环境治理状况特征

第一节 京津冀主要生态环境问题

国土开发强度持续增加,资源环境约束不断加大。京津冀地区的生态环境系统脆弱,水资源环境严重超载,土地资源粗放利用。京津冀地区土地面积21.6万平方千米,占全国土地面积的2.3%。北京、天津作为京津冀经济发展的核心地区,土地资源总量相对较低,占全国土地面积的比重分别为0.2%和0.1%。京津冀城镇化的加速推进,对水资源的需求量不断扩大,而水资源匮乏形势的加剧,将成为制约京津冀推进新型城镇化发展的重要问题。此外,京津冀地区外延式扩张发展的城镇化模式,导致地区生态系统破碎化严重,农田、森林、草地、湿地等生态系统遭到破坏。京津冀地区土地城镇化快于人口城镇化,土地粗放利用现象突出。2000—2010年,京津冀地区城镇面积增加4075平方千米,比例增加了22.6%,2019年京津冀地区城镇人口达到7543万人,城镇化率为66.7%,比十年前增加了15.3%,其中河北省城镇化水平从2005年的43.0%增加到2019年的60.6%,但是,河北省的城镇化水平相对北京和天津仍有较大的差距。同时,城镇化的快速发展导致大量土地被占用,其中占用最多的为农田和湿地,2000—2010年,京津冀农田面积减少了4728平方千米,比例减少4.57%,湿地面积减少了274平方千米,比例减少4.34%。京津冀地区的发展,既要满足城镇化建设的用地需求,又要落实耕地保护的责任,导致土地资源保护与城镇化用地的矛盾凸显。

经济转型发展任务艰巨,加剧京津冀生态环境负担。在经济社会快速发展的过程中,京津冀地区生态破坏和环境污染问题逐渐凸显。京津冀地区污染物排放量巨大,以钢铁、石化、电力、建材等为主的工业行业排放占据主要位置。2013年,京津冀地区的二氧化硫、氮氧化物和烟(粉)尘排放量分别占全国排放总量的 7.8%、9.6% 和 11.4%,单位面积排放量分别是全国平均水平的 3.5 倍、4.3 倍和 5.1 倍。同时,京津冀地区是我国大气污染最为严重的地区,京津冀地区的工业化和城镇化与环境污染紧密相连。

京津冀城市群属于资源型缺水地区,在人口和生态的双重压力下,水资源严重匮乏,水资源总量不足全国的 1%,相对于常住人口和 GDP 占全国的比重(分别为 8.1% 和 10.4%)明显偏低,人均水资源占有量仅为全国平均水平的 13%、世界平均水平的近 1/30。地下水超采严重,地面累计沉降量大于 200 毫米的沉降面积近 6.2 万平方千米。

京津冀地区的水环境污染和农村面源污染问题较为严重。京津冀地区水资源开发利用长期超载,地区性缺水问题较为明显,由于缺少天然径流(除上游山区及滦河水系外,河北省境内基本没有天然径流),水体自净能力差,水环境承载力先天不足,化学需氧量、氨氮等主要污染物排放量远超过河流的纳污能力。地区受污染地下水达 30% 以上,重要江河湖泊水功能区达标率不足 50%,劣 V 类标准水质断面比例达 30% 以上,这些加剧了京津冀地区的生态环境负担。

第二节 京津冀生态环境治理状况

京津冀环境质量不断改善。2007—2012 年,京津冀地区空气质量趋于平稳,2012 年我国首次将 $PM_{2.5}$ 纳入空气质量考核指标,导致 2013 年的空气优良指数大幅度下降,随后京津冀三地重视大气污染防治,采取一系列措施治理环境污染,三地空气质量逐年好转。2013—2019 年,北京、天津、河北的空气质量优良率分别由 45.8%、39.7% 和 35.3% 提高到 65.8%、61.1% 和 61.9%,2013—2019 年,北京、天津和河北的空气质量优良率改善率分别为 43.8%、53.5% 和 75.2%,空气质量改善成效显著(见图 5-1)。同时,京津冀三地注重减少污染物排放,近年来三地的二氧化硫排放量总体呈下降趋势(见图5-2)。北京市二氧化硫排放量由2001年的20.1万吨下降到2018年的1.14万吨,下降幅度达94.3%;天津市二氧化硫排放量由2001年的26.8万吨下降到2018年的4.51万吨,下降幅度达83.2%;河北省二氧化硫排放量下降幅度达68.8%。同时,京津冀三地的人均二氧化硫排放量不断下降,其中北京市人均二氧化硫排放量由2001年的17.82千克/人下降到2019年的0.14千克/人,天津市人均二氧化硫排放量由2001年的26.61千克/人下降到2019年的1.68千克/人,降幅在京津冀三地为最大,河北省二氧化硫排放量由2001年的19.24千克/人下降到2019年的3.85千克/人,污染物治理成效不断显现(见图5-3)。

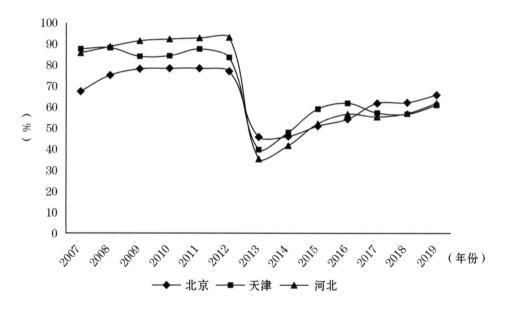

图5-1 京津冀三地空气优良率状况

数据来源:根据北京、天津和河北历年《生态环境状况公报》数据计算整理。

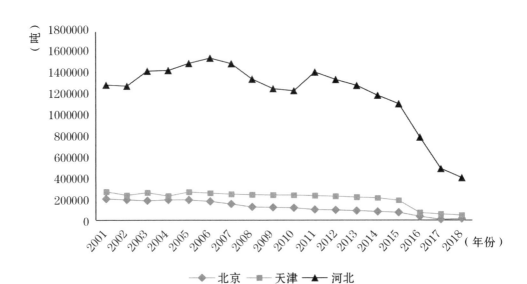

图 5-2 京津冀三地二氧化硫排放状况

数据来源：根据北京、天津和河北的历年统计年鉴数据计算整理。

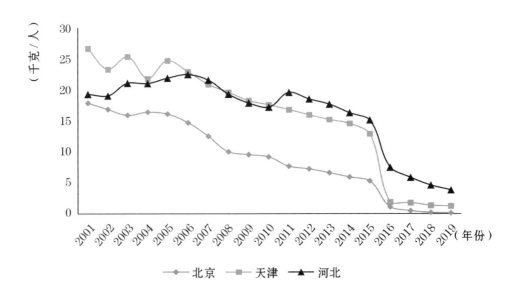

图 5-3 京津冀三地人均二氧化硫排放状况

数据来源：根据统计年鉴数据计算整理。

京津冀森林覆盖率和园林绿化投资不断提升。北京、天津和河北不断提高植被覆盖率,三地森林覆盖率由2007年的31.7%、22.3%和8.2%分别增加到2019年的43.8%、26.8%和12.1%(见图5-4),森林覆盖率的提高有助于净化空气质量、维护生态系统平衡、推动经济绿色转型发展。2019年全国园林绿化投资额达2327.35亿元,京津冀地区园林绿化投资额占全国总投资额的21.5%,其中北京、天津、河北园林绿化投资额分别占京津冀地区园林绿化投资比重的70.1%、25.8%和4.1%(见图5-5)。

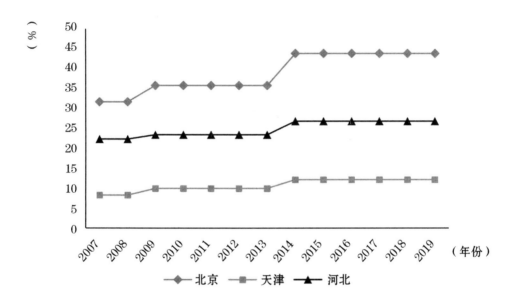

图5-4 京津冀三地森林覆盖率状况

数据来源:根据北京、天津和河北的历年统计年鉴数据计算整理。

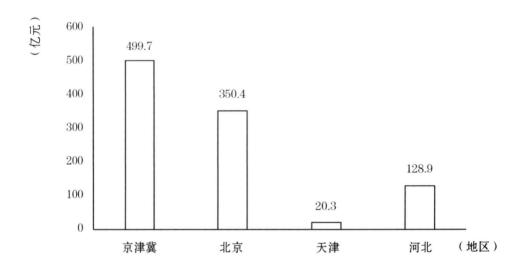

图 5-5 2019 年京津冀地区园林绿化投资情况

生态环境保护支出和环境污染治理投资不断加大。近年来京津冀生态环境保护支出占财政支出比重整体呈上升趋势,尤其是北京的生态环境保护支出占财政支出的比重由 2007 年的 1.8% 提升到 2016 年的 5.67%,增幅达 215%。2019 年全国工业污染治理完成投资 615.2 亿元,同比减少 1.0%,其中,京津冀地区工业污染治理完成投资 50.7 亿元,占全国比重的 8.2%。从京津冀地区工业污染治理投资结构来看,治理废气、废水的投资占比分别为 65.5% 和 2.6%,治理固体废物、治理噪声投资占比较小,其他治理投资占比 31.9%。2019 年全国生态修复治理投资 2375.9 亿元,京津冀地区生态修复治理投资 364.2 亿元。其中,北京、天津、河北三地的生态修复治理投资占京津冀的比重分别为 54.0%、33.8% 和 12.2%。

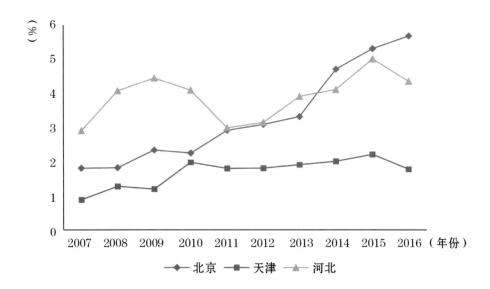

图 5-6　京津冀三地生态环境保护支出占财政支出比重

数据来源:根据北京、天津和河北的历年统计年鉴数据计算整理。

表 5-1　2019 年京津冀三地工业污染治理投资完成情况　　单位:万元

地区	工业污染治理投资	废水治理	废气治理	固体废物治理	噪声治理	其他
京津冀	507123	13319	332055	176	16.4	161557
北京	7308	1666	4829	—	—	813
天津	125944	1569	55280	—	—	69095
河北	373871	10084	271946	176	16.4	91648

生活垃圾清运量及处理量不断提升。京津冀地区加强生活垃圾管理,生活垃圾清运量及处理量持续提升。2016—2019 年,京津冀地区生活垃圾清运量由 1866.8 万吨提升到 2113.6 万吨,2019 年同比增加 4.3%。生活垃圾无害化处理量由 2016 年的 1833.7 万吨增加到 2019 年的 2108.8 万吨,2019 年同比增长 5.0%(见图 5-7)。

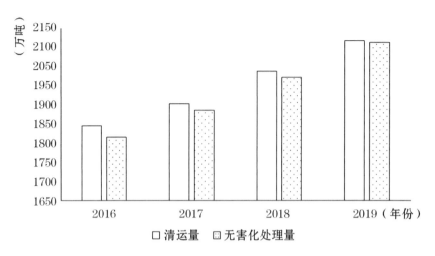

图 5-7　京津冀地区生活垃圾清运量及无害化处理情况

近年来,大气污染问题是京津冀经济社会发展中需要关注的重要问题,也是京津冀生态环境治理的重要领域。下面,本研究着重分析京津冀大气污染的历史演变及空间特征。

第三节　京津冀大气污染治理状况

京津冀地区已经成为我国生态环境污染严重的城市之一,尤其是大气污染问题。当前大气污染由二氧化硫和粗颗粒物为主的煤烟型污染向以细颗粒物和臭氧为主的复合污染型转变,污染对城市经济发展和居民的健康构成了潜在的威胁。环境污染问题不仅是一个环境问题,也对人类身体健康产生一定的影响。同时,环境污染问题也是我国经济转型发展中出现的问题,在一定程度上反映了经济发展与环境保护的矛盾,京津冀地区工业发展结构问题、煤烟型能源消费结构以及机动车尾气的排放等加速了环境污染。研究表明,$PM_{2.5}$是造成大气能见度下降,导致污染天气的主要因素。2012 年我国将 $PM_{2.5}$ 纳入空气质量质量考核指标,2013 年国务院颁布了《大气污染防治行动计划》,对全面认识京津冀大气污染的特征和总体情况,以及大气污染与经济发展的关联性,对于京津冀大气污染的防治具有重要意义。近几年,一些学者从大气污染的原因、污染物的组成、减少污染的对策等方面对改善京津冀大气环境做过一些研究。本研究将基于环境经济学视角对京津冀大气污染现状及治理做全面而系统的分析。针对大气污染形成的原因,对京津冀大气污染与经济发展的关联性和相互影响等问题进行探讨研究,基于研究结论,分析如何减少京津冀大气污染,实现经济与环境的可持续发展,这对当前京津冀绿色发展具有重要的理论意义和现实价值。我国于 1982 年第一次发布《空气质量标准》(GB3095 – 1982),设定二氧化硫、氮氧化物、总悬浮颗粒物(TSP)的控制标准(表 5 – 1),同时该标准提出了"PM_{10}"的概念,但是 PM_{10} 是作为参考标准存在的。随着公众对 $PM_{2.5}$ 的关注,我国于 2012 年发布了修订的《环境空气质量标准》(GB3095 – 2012),首次将 $PM_{2.5}$ 纳入标准,同时增设平均浓度的限值(表 5 – 2)。世界卫生组织(WHO)将 $PM_{2.5}$ 年均浓度 10 微克/立方米作为长期暴露的准则值,对于暂时达不到空气质量准则值的国家和地区,世界卫生组织设定了三个 $PM_{2.5}$ 年均浓度的过渡目标,当前我国 $PM_{2.5}$ 的年均浓度比 WHO 设定的第一过渡期下的水平还高一些,对于京津冀地区来说,面临的挑战更为严峻。

表 5 – 1 颗粒物标准

污染物名称	取值时间	浓度限值(微克/立方米)	
		一级标准	二级标准
PM_{10}	年平均	40	70
	日平均	50	150
$PM_{2.5}$	年平均	15	35
	日平均	35	75

表 5-2　我国空气质量等级以及对应的 $PM_{2.5}$ 浓度　　单位:微克/立方米

空气质量等级	$PM_{2.5}$ 日均浓度($\mu g/m^3$)
优	0-35
良	36-75
轻度污染	76-115
中度污染	116-150
重度污染	151-250
严重污染	251-500
爆表	500 以上

数据来源:中国生态环境部环境空气质量标准(2012)。

表 5-3　世界卫生组织大气质量标准和过渡目标　　单位:微克/立方米

时期	PM_{10} 年均浓度	$PM_{2.5}$ 年均浓度
第一过渡期	70	35
第二过渡期	50	25
第三过渡期	30	15
空气质量准则	20	10

数据来源:世界卫生组织(2006)。

京津冀大气污染治理成效显著。大气污染是我国当前亟待解决的重要问题,尤其是京津冀地区是我国大气污染严重的地区之一,也是国家控制空气污染的重点区域。近年来,国家高度重视大气污染治理,2013 年 9 月,国务院印发了《大气污染防治行动计划》,从产业结构调整、淘汰落后产能等十个方面提出大气污染治理的具体措施,要求淘汰钢铁、水泥、电解铝等重点行业的落后产能,开启了我国大气污染治理的新阶段。经过近七年的污染协同治理,京津冀大气污染防治成效显著,区域主要污染物浓度持续下降,$PM_{2.5}$ 和 PM_{10} 污染明显改善,2013—2019 年,区域 $PM_{2.5}$ 浓度由 106 微克/立方米下降至 50 微克/立方米,降幅达52.8%(图5-7)。2019年,北京、天津、河北的PM$_{2.5}$年平均浓度分别为42微克/立方米、51微克/立方米和50微克/立方米,较2013年分别下降55.4%、46.9%、53.7%(图5-8)。2019年区域平均优良天数为228天,较2013年上升49.0%,重污染天气为9天,较2013年下降85.5%(表5-4),三地冬季大气污染程度逐年趋好,2013—2019年秋冬季,京津冀地区PM$_{2.5}$浓度平均值呈下降趋势,浓度跨度收窄,尤其是近两年冬季污染浓度明显低于其他年份同期污染浓度(图5-9),大气环境质量呈现"优增劣减"的整体改善趋势,充分体现了大气污染防治的成效。

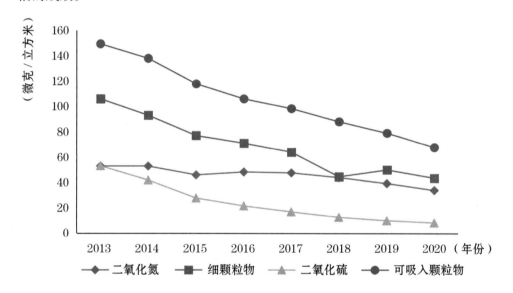

图5-7 2013—2019年京津冀主要污染物变化情况

数据来源:2013—2019年《北京市生态环境状况公报》《天津市生态环境状况公报》《河北省生态环境状况公报》。

表 5-4　京津冀 2013 年与 2019 年大气污染变化情况

地区	重污染天数(天)			优良天数(天)		
	2013 年	2019 年	降幅	2013 年	2019 年	增幅
北京	58	4	93.1%	176	240	36.4%
天津	49	15	69.4%	155	219	41.3%
河北	80	8	90.0%	129	226	75.2%
京津冀	62	9	85.5%	153	228	49.0%

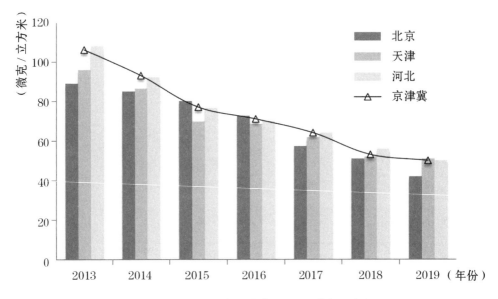

图 5-8　2013—2019 年京津冀 $PM_{2.5}$ 污染年均变化图

从不同季节来看,京津冀 $PM_{2.5}$ 浓度呈现出较为明显的季节分布特征,$PM_{2.5}$ 质量浓度值冬季最高,秋季、春季次之,夏季最低 $PM_{2.5}$ 质量浓度在时间序列上呈现出明显的非均匀分布,其中,冬季 $PM_{2.5}$ 质量浓度呈现出较大波动,夏季 $PM_{2.5}$ 质量浓度较为稳定。从日均浓度变化来看,京津冀 $PM_{2.5}$ 浓度日均变化曲线呈现出锯齿状特征,在春季、秋季和冬季具有明显的尖峰和深谷特征,夏季呈现出不明显的峰谷特征。从污染物的来源来看,以天津为例,天津市大气污染贡献主要来源于工业生产、居民生活、火力发电、道路交通以及热力供应等因素。工业生产源

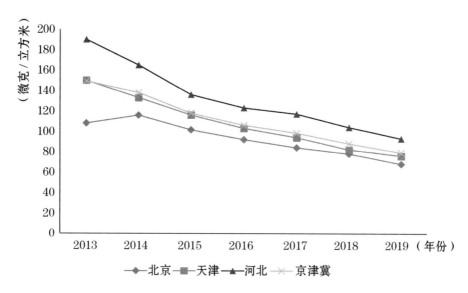

图 5-9 2013—2019 年京津冀 PM_{10} 污染年均变化图

对天津市 $PM_{2.5}$ 质量浓度的贡献最大。从不同工业种类来看,天津市冬季 PM2.5 污染贡献较大的行业主要为水泥制造和黑色金属冶炼。

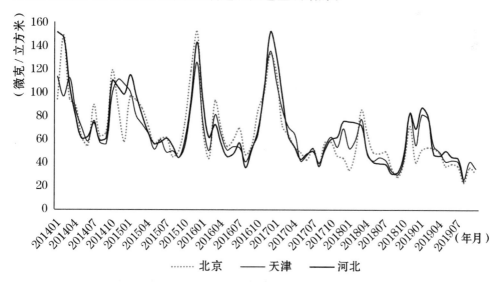

图 5-10 2014—2019 年京津冀 $PM_{2.5}$ 污染月均浓度图

京津冀大气污染治理任重道远。全国仍有超 1/3 的城市 $PM_{2.5}$ 超标,70% 以上的重度及以上污染是由 $PM_{2.5}$ 引起。2019 年京津冀及周边地区空气质量优良天数比例与长三角的优良天数比例差距较大,细颗粒物污染浓度超国家二级标准。此外,京津冀臭氧污染浓度逐年上升且对空气污染的贡献比例显著增大,区域细颗粒物和臭氧污染协同防治形势严峻。

表 5-5 京津冀与长三角、汾渭平原等地大气污染情况

区域	年份	$PM_{2.5}$	PM_{10}	SO_2	CO	NO_2	O_3
京津冀	2015	77.0	117.8	27.8	3.7	46.0	162.0
	2016	71.0	106.0	21.7	3.2	48.3	162.0
	2017	64.0	98.3	17.0	2.8	47.7	193.0
	2018	53.0	88.0	12.7	2.2	44.0	199.0
	2019	50.0	79.0	10.0	2.0	39.3	196.0
	2020	43.6	67.7	8.3	1.7	34.0	180.0
长三角	2015	53.3	82.8	21.0	1.5	37.0	163.0
	2016	46.0	75.0	17.0	1.5	36.1	159.0
	2017	44.0	71.0	14.0	1.3	37.3	170.0
	2018	44.0	70.0	10.8	1.3	35.0	167.0
	2019	41.0	65.0	9.0	1.2	32.0	164.0
	2020	35.0	56.0	7.0	1.1	29.0	152.0
汾渭平原	2015	60.6	108.8	41.5	1.7	35.8	—
	2016	67.1	121.7	42.5	1.6	39.6	—
	2017	62.9	109.7	38.3	1.5	44.6	—
	2018	58.0	106.0	24.0	2.3	43.0	180.0
	2019	55.0	94.0	15.0	1.9	39.0	171.0
	2020	48.0	83.0	12.0	1.6	35.0	161.0

京津冀地区各城市大气污染空间差异显著,总体上呈现北低南高、东高西低

的特点,东中部污染较为突出。1998—2018 年,京津冀大气污染在空间上呈现出扩大的趋势,1998—2004 年,京津冀大气污染主要集中在邯郸、邢台、衡水、沧州、廊坊和天津等城市,2005—2013 年,除了张家口和承德两个城市外,京津冀其他各城市均面临不同程度的污染,其中衡水、沧州、廊坊、天津等城市的大气污染均超过国家二级标准,2013 年后我国重视大气污染防治,近年来京津冀大气污染有所减缓。

用 ArcGIS 中的标准偏差椭圆 SDE 方法,绘制京津冀大气污染的空间重心转移曲线,分析京津冀大气污染的时空转移方向。SDE 的范围表示为大气污染的主要空间分布区域,中心表示为雾霾污染分布的相对位置。基于京津冀大气污染存在显著的空间集聚现象,且随着时间变化不断发生转移。京津冀地区的大气污染重心逐渐向西向南转移,污染重心在廊坊市和沧州市,位于京津冀几何重心的南部,说明京津冀西南部地区的大气污染较为严重。

京津冀大气污染重心转移特征明显,一方面京津冀地区大气污染重心转移大致可分为两个阶段:分别为 1998—2003 年间重心向西南部方向转移以及 2013—2018 年间重心向西部方向转移。另一方面,从重心转移距离来看,1998—2003 年间转移的距离最大,说明这一时期内,京津冀地区大气污染的空间异质性强,变化明显,其中该阶段北京和唐山的污染开始凸显,这与各地产业结构调整发展有关。以唐山为例,2000 年前后,唐山的钢铁产能仅为 470 万吨,到 2003 年,钢铁产能达 3000 多万吨,钢铁相关产业产值占 GDP 的 60% 左右。2013—2018 年,污染重心向西南方向转移,其中邯郸、邢台、石家庄、衡水等城市的污染凸显,主要在于这些城市的产业结构偏重,钢材、建材、石化、电力等"两高"行业企业集中。

第六章 京津冀环境污染与经济发展的联动效应

第一节　经济发展对环境污染的影响机制分析

环境污染与社会经济活动休戚相关(图6-1),尤其是对于经济高速增长的工业化国家而言。一方面,经济发展伴随着城市化、人口规模、经济结构以及科技进步,同时也伴随着对自然生态环境的破坏和污染;另一方面,经济增长也为环境治理提供了资金和技术支持。

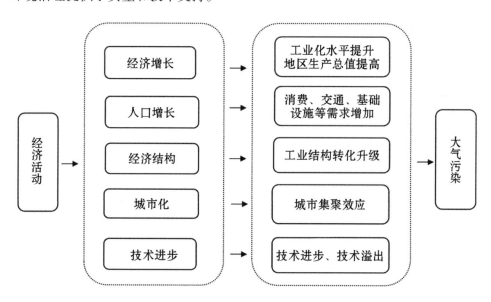

图6-1　经济发展对环境污染的影响机制

格鲁斯曼和克鲁格(Grossman 和 Kruger,1991)提出经济增长影响环境污染的三大影响机制:规模效应、结构效应和技术效应。其中,规模效应认为,随着经济持续增长,经济总量规模不断扩张,需要投入的自然资源、物质能源等生产要素就越来越多,从而导致污染物排放不断增加。研究认为,规模效应在拐点之前对环境产生负向的作用影响,跨越拐点后将对环境产生正向的影响;结构效应认为,经济结构、产业结构等变化对环境污染的影响具有双向影响作用,在工业化发展前期和中期,第二产业为主的产业结构对资源能源的依赖较大,导致污染物排放不断加大,随着经济不断增长,社会经济结构和产业结构开始调整优化,经济发展逐渐由资源密集型工业转变为技术密集型产业,污染物排放得到控制和减少;技术效应认为,技术进步可以提高生产效率,控制资源能源消耗的同时实现经济的增长,从而不断降低污染物排放强度。总体而言,通过经济规模、经济结构和技术进步三种效应的相互作用,构成了经济发展对大气污染的影响机制(图6-2、图6-3)。

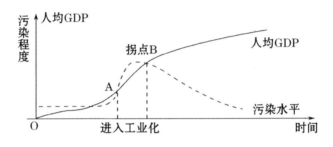

图6-2 EKC曲线示意图

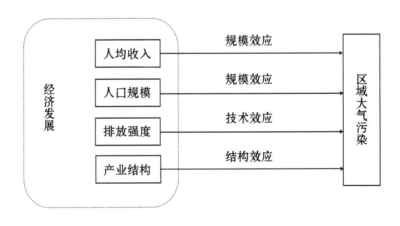

图6-3 经济发展对环境影响的效应

第二节 京津冀经济增长与环境污染脱钩情况

"脱钩"理论认为,经济发展与资源消耗、环境污染物排放之间的关系表现为两种:一是经济增长给资源环境带来压力,二是经济增长并没有导致资源环境压力的增大。通常认为第一种关系表示经济增长与资源环境的"耦合"关系,第二种关系表示经济增长与资源环境的"脱钩"关系。脱钩关系表示一定时期内资源消费或者污染物排放增长率小于经济增长率。脱钩评价指标主要包括脱钩因子法、弹性系数法等方法。脱钩因子法公式如下:

$$D_t = 1 - \frac{EP_t}{DF_t} \Big/ \frac{EP_0}{DF_0}$$

式中,D_t 为第 t 年的脱钩因子,DF_t 和 DF_0 分别表示第 t 年和基期的资源环境情况,EP_t 和 EP_0 分别表示第 t 年和基期的经济情况。脱钩因子介于负无穷和1之间,当小于或者等于0的时候,表明经济增长与资源环境间处于非脱钩的状态关系,当脱钩因子介于0和1之间的时候,表明经济增长与资源环境间处于脱钩的状态。

塔皮奥(Tapio,2005)提出了脱钩弹性系数,即指资源消耗或者环境污染排放变化率与地区生产总值变化率的比值。弹性系数法公式如下:

$$g = \frac{C_t - C_0}{C_0} \Big/ \frac{GDP_t - GDP_0}{GDP_0}$$

式中,g 为脱钩弹性系数,$\frac{C_t - C_0}{C_0}$ 为污染物排放在末期相对于基期的变化率;$\frac{GDP_t - GDP_0}{GDP_0}$ 国内生产总值在末期相对于基期的变化率。脱钩模型包括以下六种类型:强脱钩、弱脱钩、扩张性负脱钩、强负脱钩、弱负脱钩、缩性脱钩。其中,强脱钩为最理想状态,强负脱钩为最不理想状态(表6-1,图6-4)。根据脱钩理论,脱钩状态有以下六种解释:一是污染物排放量和经济总量同时增加,且污染物排放增速快于经济增速时,表示环境污染与经济增长呈现扩张性脱钩关系;二是污染物排放量增加,且经济总量减少时,表示环境污染与经济增长呈现强负脱钩状态关系;三是污染物排放量和经济总量同时减少,且经济减少速度高于污染物排放减少速度时,表示环境污染与经济增长呈现弱负脱钩关系;四是污染物排放量和经济总量同时增加,且经济增速快于污染物排放增速,表示污染物排放与经济增长呈现弱脱钩关系;五是当污染物排放量下降,且经济增速为正,表示污染物排放与经济增长呈现强脱钩关系;六是污染物排放量和经济增速同时减少,经济下降速度慢于污染物减排速度,表示污染物排放与经济增长为缩性脱钩关系。

表6-1 脱钩状态解释

脱钩状态	污染物排放增速	经济增速	弹性
强脱钩	<0	>0	g<0
弱脱钩	>0	>0	0<g<0.8
扩张性脱钩	>0	>0	g>1.2
强负脱钩	>0	<0	g<0
弱负脱钩	<0	<0	0<g<0.8
缩性脱钩	<0	<0	0.8<g<1.2

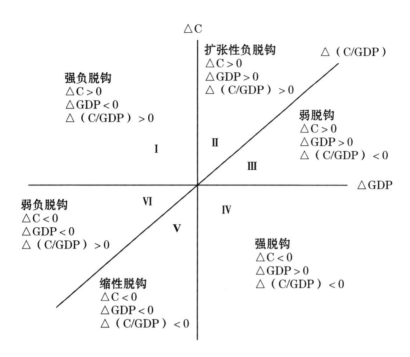

图 6-4　经济增长与碳排放量的脱钩度量模型

通过对京津冀地区大气污染物排放与经济增长的脱钩状态进行计算,结果表明(表 6-2),京津冀三地的大气污染与经济增长均实现了强脱钩。

表 6-2　2014—2019 年京津冀大气污染与经济增长脱钩状态

年份	北京市		天津市		河北省	
	脱钩指数	脱钩状态	脱钩指数	脱钩状态	脱钩指数	脱钩状态
2014	-0.478	强脱钩	-1.298	强脱钩	-2.223	强脱钩
2015	-0.969	强脱钩	-1.774	强脱钩	-2.490	强脱钩
2016	-1.376	强脱钩	-0.205	强脱钩	-1.314	强脱钩
2017	-3.152	强脱钩	-2.689	强脱钩	-1.231	强脱钩
2018	-1.690	强脱钩	-4.415	强脱钩	-1.920	强脱钩
2019	-2.846	强脱钩	-0.401	强脱钩	-1.523	强脱钩

对京津冀地区经济增长与能源消费的脱钩关系及脱钩状态进行计算分析,结果表明(表6-3),1998—2018年,京津冀地区经济增长与能源消耗总体呈现出脱钩状态关系,主要是由于近年来京津冀能源消费量一直处于增长的态势,增长趋势小于区域经济增长趋势,尤其是2013年后,脱钩指数不断下降,并小于0.2,不过离强脱钩仍有一定的距离。2000年,京津冀地区总体经济增长与能源消费呈现出增长连接状态,主要是由于京津冀地区能源消费增长较快,能源消费增长率大幅度超过了经济增长率;能源消耗量的增加主要是工业生产导致的,所以要进一步分析京津冀区域工业能源消耗与工业产值的脱钩状态。

表6-3 1998—2018年京津冀经济增长与能源消费脱钩状态

年份	能源消费变化率	经济增长变化率	脱钩指数	脱钩程度
1998	0.0169	0.0986	0.17	弱脱钩
1999	0.0244	0.0861	0.28	弱脱钩
2000	0.1449	0.1409	1.03	增长连接
2001	0.0622	0.1252	0.50	弱脱钩
2002	0.0831	0.1213	0.69	弱脱钩
2003	0.1069	0.1622	0.66	弱脱钩
2004	0.1282	0.2196	0.58	弱脱钩
2005	0.0975	0.1868	0.52	弱脱钩
2006	0.0943	0.1518	0.62	弱脱钩
2007	0.0790	0.1933	0.41	弱脱钩
2008	0.0340	0.1799	0.19	弱脱钩
2009	0.0503	0.0898	0.56	弱脱钩
2010	0.0539	0.1853	0.29	弱脱钩
2011	0.0675	0.1887	0.36	弱脱钩
2012	0.0339	0.1021	0.33	弱脱钩
2013	0.0379	0.0926	0.41	弱脱钩

续表

年份	能源消费变化率	经济增长变化率	脱钩指数	脱钩程度
2014	0.0006	0.0611	0.01	弱脱钩
2015	0.0048	0.0434	0.11	弱脱钩
2016	0.0111	0.0713	0.16	弱脱钩
2017	0.0118	0.0720	0.16	弱脱钩
2018	0.0119	0.0722	0.17	弱脱钩

数据来源：根据测算结果整理得到。

测算 1998—2018 年京津冀区域工业能源消耗与工业产值的脱钩状态（表 6-4），结果表明，京津冀区域工业能源消费与工业产值的关系大致呈现出脱钩状态。2002 年京津冀工业能源消费与工业产值出现扩张性负脱钩，表明工业经济的增长造成了大量的能源消耗且趋势不断扩大，工业能源消费增速大幅度超过了工业经济增长速度；2014 年以后，京津冀工业能源消费增速开始降低，增速变化率处于负增长状态，除 2015 年的衰退连接，均出现了强脱钩状态，说明京津冀区域工业能源消费与工业经济增长实现了完全脱钩，同时二者之间的脱钩指数还有进一步上升的空间。

表 6-4 1998—2018 年京津冀工业能源消耗与工业产值脱钩程度

年份	工业能耗变化率	工业产值变化率	脱钩指数	脱钩程度
1998	0.0211	0.0686	0.31	弱脱钩
1999	0.0006	0.0641	0.01	弱脱钩
2000	0.0483	0.1451	0.33	弱脱钩
2001	0.0770	0.0869	0.89	增长连接
2002	0.1185	0.0910	1.30	扩张负脱钩
2003	0.1322	0.1932	0.68	弱脱钩
2004	0.1091	0.2596	0.42	弱脱钩

续表

年份	工业能耗变化率	工业产值变化率	脱钩指数	脱钩程度
2005	0.2346	0.2037	1.15	增长连接
2006	0.1065	0.1459	0.73	弱脱钩
2007	0.0703	0.1711	0.41	弱脱钩
2008	0.0499	0.1928	0.26	弱脱钩
2009	0.0303	0.0510	0.59	弱脱钩
2010	0.0876	0.1982	0.44	弱脱钩
2011	0.0961	0.2059	0.47	弱脱钩
2012	0.0293	0.0858	0.34	弱脱钩
2013	0.0421	0.0706	0.60	弱脱钩
2014	-0.0075	0.0370	-0.20	强脱钩
2015	-0.0231	-0.0229	1.01	衰退连接
2016	-0.0231	0.0231	-1.00	强脱钩
2017	-0.0469	0.0358	-1.31	强脱钩
2018	-0.0478	0.0357	-1.28	强脱钩

数据来源：根据测算结果整理得到。

第三节 京津冀经济发展与环境污染的联动效应

一、环境污染影响下的经济增长模型

根据环境污染的成因以及对经济的影响，尝试构建基于罗默（Romer）模型的环境污染经济影响的内生增长模型。探讨分析经济增长、污染等函数的变化对经济的具体影响。大气污染与经济增长的关系问题，是一种经济与社会的权衡。

Romer 模型将经济系统分为研发部门、中间产品部门、最终产品部门。投入系统包括资本、劳动、知识等。根据 Romer 模型,本研究将污染因素引入生产函数,得出最终产品部门的总量生产函数为:

$$Y = A^{\alpha+\beta}H^{\alpha}L^{\beta}K^{1-\alpha-\beta}Z$$

$$\alpha,\beta > 0, \alpha + \beta < 1$$

资本增长方程。最终产品除了作为消费,一部分还将用于环境保护投入,旨在减少大气环境污染,因此建立资本增长方程:

$$K = Y - C - I$$

劳动力积累函数:$L(t) = nL(t)$

R&D 部门生产函数:$A = \delta_A H_A A$,其中 A 为知识的增量,$\delta_A > 0$ 为生产效率,H_A 为从事技术创新的人力资本。

人力资本部门的生产函数:$H = \delta_H H_H$,其中 H 为人力资本增量,$\delta_H > 0$ 为生产效率,H_H 为人力资本投入量。

空气质量函数。本研究假设空气质量受到四种因素的影响:自然因素(环境的损耗与自净能力)、污染物排放(排放量和排放强度)、人类活动(机动车排放、冬季燃煤排放)、环境保护投入(环保投资等)。

空气质量 E 表示空气现状与空气理想值的差距,空气质量函数方程为:

$$E = -\theta E - Y_Z^i - jL + I^m$$

效用函数:

$$U(C,E) = \frac{C^{1-\sigma}}{1-\sigma} - \frac{(-E)^{1+\omega}}{1+\omega}, \sigma > 0, \omega > 0$$

其中 $\sigma \neq 1$ 为相对风险厌恶系数,ω 为环境偏好参数。

根据环境污染与经济增长的模型控制与优化,建立最优化模型:

$$\sum_{C,I,H_A H_Y,Z,} \int_0^\infty U(C,E) e^{-pt} dt$$

$$Y = A^{\alpha+\beta}H^{\alpha}L^{\beta}K^{1-\alpha-\beta}Z$$

$$K = Y - C - I$$

$$A = \delta_A H_A A$$

$$L(t) = nL(t)$$

$$H = \delta_H H_H$$

$$E = -\theta E - Y_Z^i - jL + I^m$$

$$U(C,E) = \frac{C^{1-\sigma}}{1-\sigma} - \frac{(-E)^{1+\omega}}{1+\omega}, \sigma > 0, \omega > 0$$

可持续经济增长最优路径分析。为求解最大化问题,定义函数为:

$$J = \frac{C^{1-\sigma}}{1-\sigma} - \frac{(-E)^{1+\omega}}{1+\omega} + \lambda_1(Y - C - I) + \lambda_2 \delta_A H_A A + \lambda_3 \delta_H H_H + \lambda_4(-\theta E - Y_Z^i - jL + I^m)$$

命题1:

开放经济条件下,经济变量的增长率为:

$$g_z = -\frac{1}{i}\frac{\sigma+\omega}{1+\omega}g_c$$

$$g_E = \frac{1-\sigma}{1+\omega}g_c$$

$$g_I = \frac{1}{1-\omega}\frac{\sigma+\omega}{1+\omega}g_c$$

$$g_H = g_{H_\gamma} = g_{H_A} = g_{H_H} = \delta_H - \rho + (1-\sigma)g_c$$

$$g_K = g_Y = g_C = \left[\delta_A H_A + \Phi(\delta_H - \rho) + \frac{n(1-\Phi)}{1+\omega}\right] \cdot \left[1 + (\sigma-1) + \frac{1}{i}\frac{\sigma+\omega}{i(1+\omega)(\alpha+\beta)}\right]^{-1}$$

$$\delta_A H_A + \Phi(\delta_H - \rho) + \frac{n(1-\Phi)}{1+\omega} > 0$$

$$1 - \sigma < 0$$

如果 $\delta_A H_A + \Phi(\delta_H - \rho) + \frac{n(1-\Phi)}{1+\omega} > 0$ 沿着均衡增长路径,可以得到产出、消费和资本最优增长率,即 $g_k = g_r = g_c > 0$,并且可以得到命题2:

R&D 部门的产出效率越高,生产部门和研发部门中人力资本存量越大,经济增长率就越高。循环经济和清洁技术的不断发展和技术改进,将导致大气污染物排放的不断减少，从而使环境质量得以控制和改善。

命题 3：

环境保护投入的不断加大，推动大气环境污染的防治、改善空气质量，在此基础上构建可持续的最优增长路径，可得到 $\frac{\partial_{gc}}{\partial_i}>0, \frac{\partial_{gc}}{\partial_w}>0, \frac{\partial_{gc}}{\partial_p}<0, \frac{\partial_{gc}}{\partial_\partial}<0$，其中，$\frac{\partial_{gc}}{\partial_i}>0$ 表明环境标准与经济增长的关系，环境标准越严格，则越有利于提高最优经济增长率；$\frac{\partial_{gc}}{\partial_w}>0$ 表明环境质量偏好与可持续发展的关系，消费者的环境质量偏好程度越高，可持续发展越有利；$\frac{\partial_{gc}}{\partial_p}<0$ 表明时间贴现与环境保护意识的关系，消费者的时间贴现越少，环境保护意识则越强，越有利于环境可持续发展；$\frac{\partial_{gc}}{\partial_\partial}<0$ 表明环境消费观念与环境改善的关系，消费者越注重未来环境消费能力，则越有利于经济与环境的协调发展。

针对大气污染排放驱动因素的研究主要有 Kaya 恒等式的方法、因素分解法和模型法。Kaya 恒等式是日本教授茅阳一(Yoichi Kaya)提出的，主要用于分解碳排放量的驱动因素，认为经济发展、政策和人口等因素与碳排放量有直接联系，基于 Kaya 恒等式的方法为研究碳排放的驱动因素奠定了理论基础，恒等式如下：

$$CO_2 = \frac{CO_2}{E} \times \frac{E}{GDP} \times \frac{GDP}{P} \times P$$

其中，CO_2 表示二氧化碳排放量，E 为能源的消费量，GDP 为国内生产总值，P 为人口数量。进一步，通过对数平均权重迪氏指数分解法(Logarithmic Mean Divisia Index Method，简称 LMDI)将公式分解为不同因素相乘或者相加的形式，根据因素的权重进行分解。

$$C = \sum C_i = \sum \frac{C_i}{E_i} \times \frac{E_i}{E} \times \frac{E}{G} \times \frac{G}{P} \times P$$

式中，C_i 为第 i 种能源的碳排放量；E_i 为第 i 中能源的消费量；E 为能源消费总量；G 为国内生产总值；P 为人口规模；E_i/E 表示能源结构效应，C_i/E 表示排放强度效应，E/G 表示能源强度效应，G/P 表示经济效应。

借鉴 Kaya 恒等式对污染的经济驱动因素进行分析，公式如下：

$$C_i = \frac{C_t}{E_t} \times \frac{E_t}{G_t} \times \frac{G_t}{P_t} \times P_t$$

将污染的经济驱动因素分解为不同效应的变化情况，即

$$ln\frac{C_t}{C_{t-1}} = \left(ln\frac{C_t}{E_t} - ln\frac{C_{t-1}}{E_{t-1}}\right) + \left(ln\frac{E_t}{G_t} - ln\frac{E_{t-1}}{G_{t-1}}\right) +$$

$$\left(ln\frac{G_t}{P_t} - ln\frac{G_{t-1}}{P_{t-1}}\right) + (lnP_t - lnP_{t-1})$$

式中右侧分别代表排放强度变化、能耗变化、经济增长变化、人口规模变化。

二、京津冀大气污染与经济发展的关系

选取 2001—2019 年京津冀二氧化硫排放量（SO_2）和细颗粒物（$PM_{2.5}$）指标来反映京津冀雾霾污染情况，选取地区生产总值（GDP）作为经济增长指标。

建立人均 SO_2 排放量、$PM_{2.5}$ 浓度等污染排放指标与人均 GDP 指标模型。数据来自历年《中国统计年鉴》《天津市统计年鉴》《北京市统计年鉴》《河北经济年鉴》，为消除数据量纲上和时间序列上可能存在的差异性，对指标数据进行对数化处理（我国自 2013 年起开始对城市 $PM_{2.5}$ 数据开始监测，2013 年之前的数据缺失，难以满足计量经济学相关性分析的需求）。美国哥伦比亚大学国际地球科学信息网络中心（CIESIN）和巴特尔纪念研究所（Battelle Memorial Institute）通过卫星监测，将中分辨率成像光谱仪（MODIS）测算的气溶胶光学厚度（AOD）转化为栅格数据，从而得出全球的 $PM_{2.5}$ 年均浓度数据（1998—2013 年），本研究采用 ArcGIS 软件对遥感栅格数据进行解析，得出京津冀 13 个城市 1998—2013 年的 $PM_{2.5}$ 年均浓度数据，同时加入国家监测总站发布的 2014—2019 年的污染数据。

美国学者格罗斯曼（Grossman）和克鲁格（Krueger）通过对 60 多个国家的数据分析，得出环境污染与经济增长的关系表现为环境库兹涅茨曲线（Environmental Kuznet Curve,EKC),污染排放与经济发展呈现出倒"U"型库兹涅茨曲线。本研究根据环境库兹涅茨曲线模型和一般方程式,建立大气污染与经济增长的计量关系模型,包括二次函数和三次函数:

$$P = \beta + \alpha_1 x + \alpha_2 x^2 + \varepsilon \quad (1)$$

$$P = \beta + \alpha_1 x + \alpha_2 x^2 + \alpha_3 x^3 + \varepsilon \quad (2)$$

其中,P 表示污染指标,x 表示经济增长指标,即人均 GDP,β 为常数项,α_1、α_2、α_3 分别为系数项,ε 为残差项。模型计算的系数项不同,关系拟合曲线的形状也会有所不同,主要包括以下几种情况(表 6-5)。

表 6-5 大气污染与经济增长关系

序号	不同情况	关系
1	$\alpha_2 = \alpha_3 = 0, \alpha_1 > 0$	大气污染随经济增长同向增加
2	$\alpha_2 = \alpha_3 = 0, \alpha_1 < 0$	大气污染随经济增长同向减少
3	$\alpha_3 = 0, \alpha_2 < 0, \alpha_1 > 0$	大气污染和经济增长之间呈现倒"U"型关系
4	$\alpha_3 = 0, \alpha_2 > 0, \alpha_1 < 0$	大气污染和经济增长之间呈现"U"型关系
5	$\alpha_3 < 0, \alpha_2 > 0, \alpha_1 < 0$	大气污染和经济增长之间呈现倒"N"型关系
6	$\alpha_3 > 0, \alpha_2 < 0, \alpha_1 > 0$	大气污染和经济增长之间呈现"N"型关系

不同指标数据的描述性统计(如表 6-6)。

表6-6 京津冀二氧化硫排放量与人均GDP指标变量描述性统计

地区	变量名称	单位	均值	最小值	最大值	标准误差
北京	国内生产总值（GDP）	亿元	16631.68	35371.30	3861.50	10060.02
	人均国内生产总值（PGDP）	元/人	84394.53	164220.00	28097.00	41174.93
	二氧化硫排放量（SO_2）	万吨	110339.84	201000.00	1900.00	69122.14
	人均二氧化硫排放量（PSO_2）	千克/人	9.12	17.82	0.14	6.05
	细颗粒物浓度（$PM_{2.5}$）	微克/立方米	45.27	57.40	34.49	5.48
天津	国内生产总值（GDP）	亿元	7216.20	14055.46	1756.89	4191.44
	人均国内生产总值（PGDP）	元/人	125177.31	1120711.00	19141.00	243493.38
	二氧化硫排放量（SO_2）	万吨	190610.72	268000.00	17800.00	91447.04
	人均二氧化硫排放量（PSO_2）	千克/人	16.26	22.40	3.85	6.07
	细颗粒物浓度（$PM_{2.5}$）	微克/立方米	67.70	81.93	51.00	9.36

续表

地区	变量名称	单位	均值	最小值	最大值	标准误差
河北	国内生产总值(GDP)	亿元	20653.59	36101.30	5536.14	10738.65
	人均国内生产总值(PGDP)	元/人	28378.16	47772.00	8250.60	13876.76
	二氧化硫排放量(SO_2)	万吨	1143898.01	1545000.00	286938.00	410212.88
	人均二氧化硫排放量(PSO_2)	千克/人	16.26	22.40	3.85	6.07
	细颗粒物浓度($PM_{2.5}$)	微克/立方米	48.54	64.13	36.67	6.46

根据 2001—2019 年人均二氧化硫排放量和经济增长数据进行模拟,模拟结果表明(图 6-5 至图 6-7),人均二氧化硫排放量与人均 GDP 的拟合曲线较好,即污染指标和经济增长指标关系符合库兹涅茨曲线关系模型。其中,天津、河北两地人均二氧化硫排放量与经济增长呈倒"U"型关系,符合环境库兹涅茨假设。河北省人均生产总值整体处于较低阶段,经济增长与环境污染较为相关,经济增长消耗大量的能源资源,导致二氧化硫排放量增加,当经济增长到一定程度,随着绿色低碳技术水平的提升,污染物排放量会随之减少,从而出现拐点,经济增长与二氧化硫排放实现脱钩,当前京津冀整体处于人均二氧化硫排放的下降期。进一步分析京津冀三地二氧化硫排放量出现的拐点位置,北京和天津在 2000 年以前实现越过拐点,河北省的拐点出现在 2011 年左右,拐点之后,人均二氧化硫排放量随着经济增长逐渐降低。

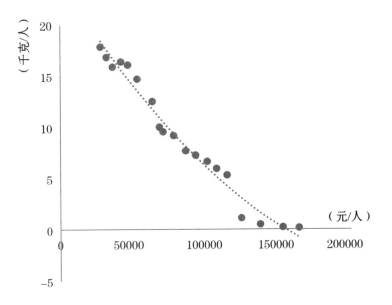

图6-5 北京人均二氧化硫排放量与人均地区生产总值的拟合图

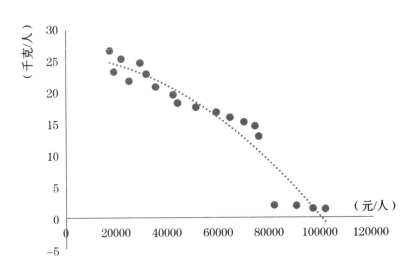

图6-6 天津人均二氧化硫排放量与人均地区生产总值的拟合图

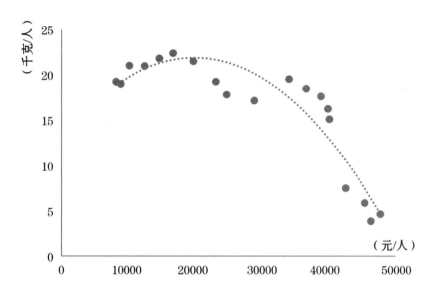

图 6-7　河北人均二氧化硫排放量与人均地区生产总值的拟合图

根据 2001—2019 年细颗粒物污染和经济增长数据进行模拟,模拟结果表明(图 6-8 至 6-9),天津和河北的细颗粒物浓度排放量与人均 GDP 的拟合曲线较好,即污染指标和经济增长指标关系符合库兹涅茨曲线关系模型。天津细颗粒物浓度与经济增长呈倒"U"型关系,符合环境库兹涅茨假设,河北省细颗粒物浓度与经济增长呈"倒 U + U"型曲线关系。2001—2011 年,河北省细颗粒物浓度随人均 GDP 的增加呈持续缓慢上升趋势,2012 年之后,河北省细颗粒物浓度随人均 GDP 增长呈现快速上升的趋势,说明河北省大气污染与经济增长的关联较大。进一步分析京津冀三地细颗粒物污染与经济增长关系的拐点位置,其中,天津大气污染与经济增长的拐点出现在 2015 年左右,经济增长对大气污染的影响逐渐减弱,河北省经济增长对大气污染的影响短期内还会存在。

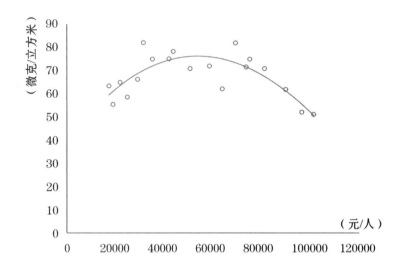

图 6-8　天津细颗粒物浓度与人均地区生产总值的拟合图

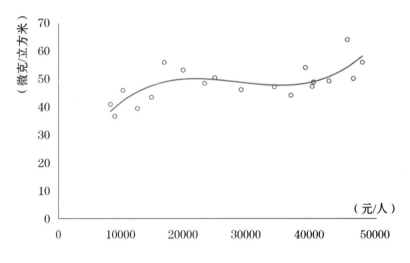

图 6-9　河北细颗粒物浓度与人均地区生产总值的拟合图

三、京津冀环境污染与经济发展动态演进关系

选取 1990—2019 年人均 GDP 作为经济增长指标,选取 1990—2019 年工业废气排放量(简称 WG)、工业烟尘排放量(简称 Dust)、工业粉尘排放量(简称

Soot)、工业二氧化硫排放量(简称 SO_2)、工业废水排放量(简称 WW)以及工业固体废物排放量(简称 WS)作为环境污染指标。选取的数据均来自历年京津冀各地统计年鉴,为消除数据量纲上的差异及时间序列可能存在的异方差,本书对指标数据进行对数化处理。

本书所构建的计量模型是基于 Sim1980 年提出的向量自回归模型(Vector Autoregressive model,简称 VAR 模型),VAR 模型以经济理论为基础,通过建立多方程联立,将模型中的内生变量作为带有滞后值的相关函数,对各种变量的滞后值进行模型回归分析,在此基础上估算全部内生变量之间的关联。建立模型过程中要确定模型的变量和滞后期,不需要对模型参数施加零约束,也不需事先区分内生变量和外生变量,克服了由于经济理论不完善而带来的在传统联立方程建模中常遇到的一些问题,比如内生变量和外生变量的划分、估计和推断等复杂问题。VAR 模型能够分析来自自身和其他变量的影响,可详细分析各变量之间的长期均衡和短期动态关系。在 VAR 模型构建的基础上,运用广义脉冲响应函数和方差分解对经济增长与环境污染各指标进行实证分析。VAR 模型的表达式为:

$$y_t = \Phi_1 y_{t-1} + \cdots + \Phi_p y_{t-p} + H x_t + \delta_t \ (t=1,2,\cdots,T) \quad (4.1)$$

其中:y_t 是 k 维内生变量列向量,x_t 是 d 维外生变量列向量,p 是滞后阶数,T 是样本个数。$k \times k$ 维矩阵 $\Phi_1,\cdots,\Phi_p$ 和 $k \times d$ 维矩阵 H 是待估计的系数矩阵。δ_t 是 k 维扰动列向量。其展开式为:

$$\begin{pmatrix} y_{1t} \\ y_{2t} \\ \vdots \\ y_{kt} \end{pmatrix} = \Phi_1 \begin{pmatrix} y_{1t-1} \\ y_{2t-1} \\ \vdots \\ y_{kt-1} \end{pmatrix} + \cdots + \Phi_p \begin{pmatrix} y_{1t-p} \\ y_{2t-p} \\ \vdots \\ y_{k-p} \end{pmatrix} + H \begin{pmatrix} x_{1t} \\ x_{2t} \\ \vdots \\ x_{dt} \end{pmatrix} + \begin{pmatrix} \delta_{1t} \\ \delta_{2t} \\ \vdots \\ \delta_{kt} \end{pmatrix} \quad (4.2)$$

即含有 k 个时间序列变量的 VAR(p)模型由 k 个方程组成。

本书所用到的数据均为时间序列的统计数据,这就需要进行平稳性检验。用非平稳经济变量建立 VAR 模型会引起虚假回归问题。

模型计算过程中,对单位根检验是一种常用的检验序列平稳性的方法,本研究采用较为成熟的 ADF 单位根检验方法。

考虑时间序列 $\{y_t\}$ 存在 p 阶序列相关,用 p 阶自回归过程来修正:

$$y_t = a + \Phi_1 y_{t-1} + \Phi_2 y_{t-2} + \cdots + \delta_t \ (t = 1, 2, \cdots, T) \tag{4.3}$$

在上式两端减去 y_{t-1},可以得到:

$$\triangle y_t = a + \rho y_{t+1} + \sum_{i=1}^{p-1} \phi_i \triangle y_{t-1} + \delta_t \ (t = 1, 2, \cdots, T) \tag{4.4}$$

式中: $\rho = \sum_{i=1}^{p} \Phi_i - 1$; $\phi = - \sum_{j=1}^{p} \Phi_j - 1$

ADF 检验方法通过在回归方程右边加入因变量 y_t 的滞后差分项来控制高阶序列相关,可以分为三种形式:

模型 1(无常数项、时间趋势):

$$\triangle y_t = \rho y_{t-1} + \sum_{i=1}^{p-1} \phi_i \triangle y_{t-1} + \delta_t \ (t = 1, 2, \cdots, T) \tag{4.5}$$

模式 2(含常数项):

$$\triangle y_t = a + \rho y_{t-1} + \sum_{i=1}^{p-1} \phi_i \triangle y_{t-1} + \delta_t \ (t = 1, 2, \cdots, T) \tag{4.6}$$

模式 3(含常数项、时间趋势):

$$\triangle y_t = a + \beta t + \rho y_{t-1} + \sum_{i=1}^{p-1} \phi_i \triangle y_{t-1} + \delta_t \ (t = 1, 2, \cdots, T) \tag{4.7}$$

$H_0: \rho = 0, H_1: \rho < 0$

其中,a 为常数,βt 为线性趋势项,加入后滞项可以消除残差序列的自相关性。其中 $P = 1, 2, 3$ 由分析者确定。

本研究中采用的模型的原假设为:序列至少存在一个单位根。若 $\rho = 0$,则接受原假设,序列存在一个单位根;若 $\rho < 0$,则拒绝原假设,说明序列不存在单位根,可以认为是平稳序列。若 p 经过次差分后是一个平稳序列,则该序列为 p 阶单整。

平稳性检验。为了避免可能出现的"伪回归",首先对相关数据进行平稳性检验。本书采用扩展的迪基—福勒检验方法(Augmented Dickey-Fuller test,简称 ADF 检验)对天津市经济增长和环境污染相关数据进行平稳性检验(见表

6-7)。结果表明,LnGDP、LnWG、LnDust、LnSoot、LnSO₂、LnWW、LnWS 几个时间序列为非平稳序列,对其一阶差分后再进行 ADF 检验,结果显示为平稳序列,因此,LnGDP、LnWG、LnDust、LnSoot、LnSO₂、LnWW、LnWS 是一阶单整序列,满足进行协整检验的前提条件。

表 6-7 平稳性检验结果

指标	指标	ADF 统计	5%临界值	10%临界值	结论
经济增长	LnGDP	1.5632	-1.9580	-1.6078	非平稳
	DLnGDP	-1.7700	-1.9590	-1.6074	平稳
工业废气	LnWG	1.9516	-1.9557	-1.6088	非平稳
	DLnWG	-4.3861	-1.9564	-1.6088	平稳
工业粉尘	LnDust	-1.6148	-1.9557	-1.6082	非平稳
	DLnDust	-4.5762	-1.9572	-1.6088	平稳
工业烟尘	LnSoot	-2.3561	-1.9557	-1.6085	非平稳
	DLnSoot	-4.3712	-1.9564	-1.6088	平稳
工业二氧化硫	LnSO₂	-1.4757	-1.9557	-1.6082	非平稳
	DLnSO₂	-4.4231	-1.9553	-1.6084	平稳
工业废水	LnWW	-0.3197	-1.9557	-1.6088	非平稳
	DLnWW	-5.0414	-1.9572	-1.6082	平稳
工业固体废物	LnWS	2.2983	-1.9557	-1.6088	非平稳
	DLnWS	-3.0276	-1.9564	-1.6085	平稳

协整检验。采用约翰森协整检验方法(简称 Johansen 协整法),对数据进行协整检验(表6-8),结果表明,在5%显著水平下 VAR 模型变量间存在1个协整关系,即天津市经济增长指标与各项环境污染指标间存在长期稳定的均衡关系。同时,通过协整检验结果表明,人均工业生产总值与工业烟尘排放量、工业粉尘排放量、工业二氧化硫排放量等污染物的排放量之间存在一定的关联性,且这种

关联是长期的。工业二氧化硫排放量每增加1%时,人均工业生产总值增加3.8%;工业烟尘排放量每增加1%时,人均工业生产总值下降1.4%;工业粉尘排放量每增加1%时,人均生产总值下降0.43%。经济增长与工业二氧化硫排放量呈现出一定的正向相关性,经济增长与工业烟尘排放量以及工业粉尘排放量呈现出一定的负相关联系。

表6-8 约翰森协整检验结果

变量	协整个数	特征值	检验统计值	5%临界值
LnGDP	None*	0.5603	19.9734	12.3209
LnWG	At most 1	0.0456	1.0748	4.1299
LnGDP	None*	0.4857	26.9006	18.3977
LnWW	At most 1	0.3963	11.6068	3.8415
LnGDP	None*	0.4979	16.1484	12.3209
LnWS	At most 1	0.0131	0.3034	4.1299

注:*表示在10%的置信区间下显著。

格兰杰因果关系检验。协整检验一般情况下表现为不同变量之间是否存在长期均衡稳定的关系,但协整检验不能具体说明不同变量之间的因果联系,因此接下来本研究对大气污染物排放与经济增长进行因果检验。通过格兰杰因果检验方法,对大气污染排放与经济发展的关系进行检验(表6-9),结果表明,人均工业生产总值是工业二氧化硫、工业粉尘以及工业烟尘排放量的格兰杰原因,但工业二氧化硫、工业粉尘、工业烟尘排放量并不是天津市人均工业生产总值的格兰杰原因,这说明经济增长能导致工业二氧化硫排放量的增加,同时导致工业粉尘、烟尘排放量减少,而大气污染排放并没有带来经济的增长。

表6-9 大气污染与经济增长的格兰杰检验结果

原假设	滞后阶数	伴随概率	结论
$LnSO_2$ 不是 LnGDP 的格兰杰原因	2	0.2385	接受
LnGDP 不是 $LnSO_2$ 的格兰杰原因	2	0.0002	拒绝
LnSoot 不是 LnGDP 的格兰杰原因	2	0.0987	接受
LnGDP 不是 LnSoot 的格兰杰原因	2	0.0476	拒绝
LnDust 不是 LnGDP 的格兰杰原因	2	0.1031	接受
LnGDP 不是 LnDust 的格兰杰原因	2	0.0063	拒绝

脉冲响应分析。脉冲响应分析可以用描述 1 个内生变量扰动项的冲击对模型中其他变量产生的动态影响。本书通过脉冲响应分析可以直观地展现环境污染指标与经济增长指标在 1 段时间内的动态影响路径。图 6-10 至图 6-12 为各污染指标对经济增长的脉冲响应分析图,图 6-13 至图 6-15 为经济增长对各污染指标的脉冲响应分析图。其中,纵坐标为单位冲击引起的波动(以百分比表示),横坐标表示波动持续时间,实线代表脉冲响应函数,虚线代表正负 2 倍标准差的偏离线。

环境污染对经济增长的脉冲响应分析。可以看出,当在本期给经济增长 1 个标准差冲击后,大气污染物排放量第 1 期基本没有变化,随后均呈现出增加的趋势,工业废气的排放量脉冲响应在前 5 期上升迅速,第 6 期开始呈现缓慢上升的趋势,第 10 期的累计响应值为 0.762。这说明经济增长在一定程度上增加了大气污染,在一定程度上解释了近年来大气环境污染严重的现状。

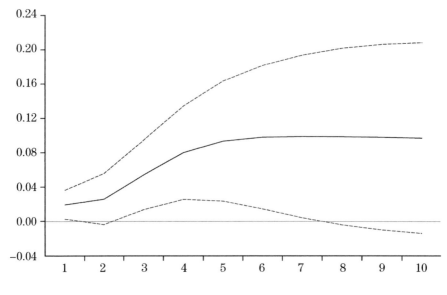

图 6-10 工业废气对经济增长的冲击响应

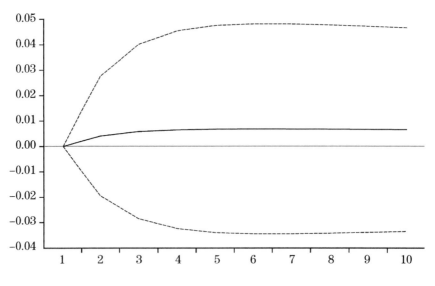

图 6-11 工业废水对经济增长的脉冲响应

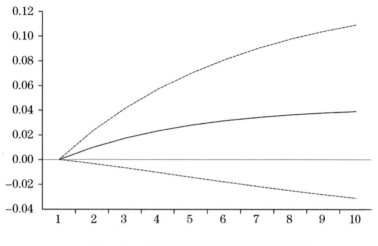

图 6-12 工业固废对经济增长的冲击响应

经济增长对环境污染的脉冲响应分析。可以看出,当在本期给工业废气标1个标准差冲击后,经济增长脉冲响应在第1期没有反应,第2期和第3期逐渐增长,之后呈现出缓慢下降的趋势,第10期累计响应值为0.285。脉冲响应分析结果表明大气污染对经济增长产生正效应的影响。

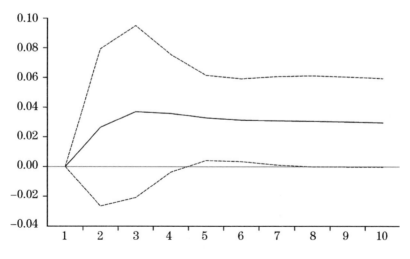

图 6-13 经济增长对工业废气的脉冲响应

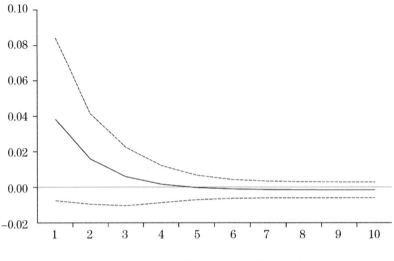

图 6-14 经济增长对工业废水的冲击响应

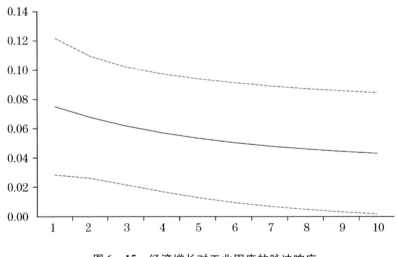

图 6-15 经济增长对工业固废的脉冲响应

具体到不同污染物与经济增长的脉冲响应,结果如下:

(1)经济增长与工业二氧化硫排放量的关联性。给天津市经济增长 1 个标准差的冲击,工业二氧化硫排放对经济增长的冲击响应值多为负数,累计为 -

0.2608。给天津市工业二氧化硫1个标准差的冲击,在第1期内经济增长对工业二氧化硫的冲击响应为0,到第3期经济增长对工业二氧化硫的冲击达到最大,为0.1532,随后开始下降,累计影响为0.7289。这表明经济的增长在一定程度上导致了工业二氧化硫排放量的变化,排放量呈现出先增加后减少的趋势。

(2)经济增长与工业烟尘排放量的关联性。给经济增长1个标准差的冲击,工业烟尘的响应值呈现出增大—减小—增大的趋势,累积影响为-1.659,这表明天津市经济的增长在一定程度上导致了工业烟尘排放量的减少。给工业烟尘1个标准差的冲击,在第1期内经济增长对工业烟尘的冲击响应在0,随后呈现出下降又上升的趋势,累计影响为-1.3921,表明工业烟尘排放量对经济增长将产生负面效应,即工业烟尘排放量在一定程度上对经济增长产生制约。

(3)经济增长与工业粉尘排放量的关联性。给经济增长1个标准差的冲击,在第1期内工业粉尘的影响为0,之后呈现出先减小后增大的趋势,累积影响为-0.2158。这表明经济增长将导致工业粉尘排放的减少。给工业粉尘1个标准差的冲击,经济增长对工业粉尘的冲击响应在第1期为-0.0322,随后呈现先下降后上升的趋势,累计为0.4489。

方差分解分析。方差分解法式将VAR模型中的不同变量按照成因进行结构分解,计算每个结构冲击对内生变量的贡献度,从而得出不同结构冲击的重要程度。根据方差分解理论,本部分探讨了不同环境污染指标对经济增长的贡献度,表明工业废气排放量的贡献率最大,这说明对经济增长起主要抑制作用的环境污染指标为工业废气的排放。

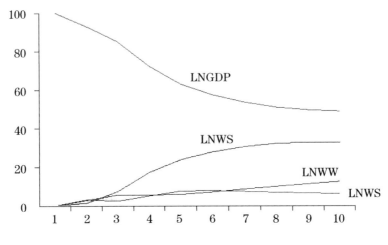

图 6-16 环境污染指标对经济增长的贡献率

第四节 京津冀环境污染与经济影响的实证分析

选取 $PM_{2.5}$ 年均浓度作为衡量京津冀大气污染程度的指标。我国自 2013 年起开始对城市 $PM_{2.5}$ 数据开始监测（2013 年之前的数据缺失，难以满足计量经济学相关性分析的需求）。美国哥伦比亚大学国际地球科学信息网络中心（CIESIN）和巴特尔纪念研究所（Battelle Memorial Institute）通过卫星监测，将中分辨率成像光谱仪（MODIS）测算的气溶胶光学厚度（AOD）转化为栅格数据，从而得出全球的 $PM_{2.5}$ 年均浓度数据（1998—2013 年），本研究采用 ArcGIS 软件对遥感栅格数据进行解析，得出京津冀 13 个城市 1998—2013 年的 $PM_{2.5}$ 年均浓度数据，为更好地了解京津冀大气污染治理的情况，同时加入国家监测总站发布的 2014—2019 年的污染数据。京津冀 13 个城市的测度指标来源于 1999—2019 年的《中国统计年鉴》《中国城市统计年鉴》以及不同城市相应年份的统计年鉴和国民经济发展统计公报等。

方法一:利用探索性空间数据分析法(ESDA)中的全局和局部空间自相关分析对京津冀大气污染的空间关联进行分析;探讨大气污染的时空演化与相互时空关联特征;运用空间计量方法,揭示大气污染与其影响因素之间的空间关联性。探索性空间数据分析(ESDA)广泛应用于空间数据的相关性研究中,主要采用全局空间自相关指数以及局部空间自相关指数来测度。其中,全局空间自相关性用于分析大气污染在京津冀整个区域范围内的相关性;局部空间自相关性用于分析不同城市大气污染的相关性。

全局空间相关性方面,运用 ArcGIS10.2 工具测度 Global Moran's 指数(全局莫兰指数),来反映京津冀大气污染的空间分布状况,具体公式如下:

$$I = \frac{n\sum_{i=1}^{n}\sum_{j=1}^{n}w_{ij}(x_i - \bar{x})}{\sum_{i=1}^{n}\sum_{j=1}^{n}w_{ij}(x_i - \bar{x})^2} \tag{1}$$

式中,I 为全局莫兰指数,用于测度不同京津冀大气污染的总体空间相关性;n 是研究区域内地区的总数;w_{ij} 代表空间权重矩阵;x_i 和 x_j 分别为第 i 个城市和第 j 个城市的大气污染情况;$\bar{x}$ 为京津冀各城市总体大气污染的均值。指数 I 的取值范围在(-1,1)之间,若指数 I>0,说明京津冀大气污染呈现空间正自相关,若指数 I<0,则呈现空间负相关,说明大气污染在空间上呈现离散型,不同城市大气污染存在较大的空间异质性。若 I=0,则说明大气污染在空间上呈现随机分布,没有明显规律。

局部空间相关性方面,运用 GeoDa 软件创建权重矩阵,绘制京津冀大气污染的 Moran(莫兰)散点图,Moran 散点图包含 4 个象限:高—高型(H-H)、低—低型(L-L)、高—低型(H-L)、低—高型(L-H),散点图第一象限表示该城市与其他邻近城市大气污染相对较高,呈现出正相关特征,属于高—高型集聚区,第二象限表示城市大气污染低于邻近城市,呈现负相关特征,属于低—高型集聚区,第三象限表示该城市与邻近城市的大气污染均较低,呈现正相关特征,属于低—低型集聚区,第四象限表示该城市高于其他邻近城市,呈现负相关特征,属于高—低型集聚区。

方法二:空间计量模型。空间计量分析主要用于研究区域内不同地区某种因素在地理上的空间影响,常用的计量模型包括空间滞后模型(Spatial Lag Model,SLM)和空间误差模型(Spatial Error Model,SEM)。空间滞后模型主要分析不同地区解释变量之间的空间关联性以及被解释变量的空间溢出效应。空间误差模型主要分析变量的地理空间差异,通过误差项的相关性体现。建立空间计量模型,分析不同自变量对因变量的影响程度,公式如下:

$$y_i = \alpha + \rho w_i y + \beta x_i + \varepsilon \qquad (2)$$

$$y_i = \beta x_i + \varepsilon \quad \varepsilon = \lambda w_\varepsilon + \mu \qquad (3)$$

式中,x_i 和 y_i 分别为自变量和因变量;ρ 为空间回归系数;w_i 代表空间权重矩阵;λ 为空间误差系数;ε 和 μ 为误差项。

一、京津冀大气污染的空间相关性

1998—2018 年京津冀地区大气污染的全局空间自相关莫兰指数在 0.323~0.437 间波动(表 6-10),且所有的空间自相关系数通过 5% 的显著性检验,说明京津冀地区大气污染存在明显的空间正自相关性,大气污染存在空间集聚效应。

表 6-10 1998—2018 年京津冀大气污染局部空间自相关检验结果

年份	莫兰指数	Z值	P值
1998	0.422	2.166	0.030
1999	0.425	2.219	0.026
2000	0.412	2.160	0.031
2001	0.404	2.424	0.032
2002	0.398	2.114	0.034
2003	0.415	2.322	0.028
2004	0.355	2.172	0.030
2005	0.408	2.213	0.030
2006	0.397	2.205	0.034
2007	0.420	2.224	0.025

续表

年份	莫兰指数	Z 值	P 值
2008	0.335	2.052	0.043
2009	0.354	2.071	0.050
2010	0.381	2.076	0.036
2011	0.323	2.085	0.048
2012	0.386	2.130	0.035
2013	0.397	2.142	0.035
2014	0.334	1.854	0.044
2015	0.131	0.939	0.048
2016	0.238	1.415	0.047
2017	0.437	2.264	0.024
2018	0.435	2.263	0.024

京津冀各城市大气污染的空间相关性越来越显著。进一步分析京津冀地区13个城市大气污染的空间异质性，利用 GeoDa 软件创建权重矩阵，测算绘制了京津冀各城市 1998 年、2003 年、2008 年、2013 年和 2018 年大气污染的莫兰散点图。检验结果显示，京津冀大气污染具有显著高—高型集聚和低—低集聚的空间正相关性，其中，廊坊、衡水、沧州等城市一直处于第一象限内。随着时间推移，石家庄、保定、邢台和唐山逐渐由第二象限移到第一象限，集聚状态更为显著，呈现显著的高—高空间集聚特征。北京、张家口、承德和秦皇岛一直处于第三象限内，呈现显著的低—低空间集聚特征。由此说明，京津冀各城市大气污染的空间相关性越来越显著，空间异质性特征明显，京津冀地区大气污染具有较为明显的"极化"特征，主要呈现出两个聚集区，一个是邢台、廊坊、沧州等中南部地区为主的高污染聚集区，一个是以北京、张家口、承德、秦皇岛等背部地区为主的低污染聚集区。

二、京津冀大气污染的经济影响分析

季节、地形地势和降水等自然条件对京津冀地区的大气污染具重要的作用和影响。同时,城市经济增长、人口、技术等诸多经济社会因素也对大气污染具有一定的影响。经济增长方面,环境库兹涅茨曲线证实了经济增长与环境污染的相关性;产业结构方面,产业结构与资源利用、能源消费以及污染物排放有直接相关性,以第二产业为主的产业结构可能导致高污染和高排放;城镇化方面,城镇化水平的不断推进也对大气环境造成了显著的影响,城镇化水平的提升需要消耗大量的资源能源,能源消费水平过高导致污染物排放量的增加,同时城镇化发展可有效提升公众环境意识和生态环境治理能力,从而提高大气污染防治效果;外商投资方面,外商投资较高的城市,其对外开放水平也相对较高,企业资本投入水平和生产技术水平相对较高,可能会通过生产技术改进减低污染排放,同时外商投资过高也有可能引发"污染避难所"效应,增加污染物排放总量。

本研究将 $PM_{2.5}$ 年均浓度作为衡量京津冀大气污染程度的指标,作为被解释变量,选取人均生产总值(GDP)、城镇化率(URB)、人口密度(P)、第二产业占比(IND)、外商直接投资(FDI)五个自变量指标,利用 Stata13.0 对京津冀大气污染的影响进行实证测算,比较不同模型效应的赤池信息准则(AIC)和对数似然估计值(Log-likelihood),发现空间滞后模型的拟合度优于空间误差模型,进一步对空间滞后模型进行分析。

表 6-11 变量选择

变量	因素	符号
被解释变量	$PM_{2.5}$年均浓度	$PM_{2.5}$
	人均生产总值	GDP
	城镇化率	URB
控制变量	第二产业占比	IND
	人口密度	P
	外商直接投资	FDI

根据模型测算结果,京津冀大气污染的空间自相关系数为 0.634,且通过了 1% 的显著性水平检验,说明京津冀不同城市大气污染受邻近城市的影响显著,即大气污染存在较为明显的空间溢出效应。经济增长、城镇化水平、工业结构、人口密度等自变量在 5% 的显著性水平下相关性为正,表明其对京津冀大气污染的影响显著。

从经济增长来看,人均 GDP 的系数为 0.503,说明京津冀经济发展会对大气污染产生一定的影响,"环境库兹涅茨曲线"假说认为经济发展与环境污染呈现倒"U"型关系,在拐点到来之前,经济增长伴随着高耗能、高污染和高排放,一定程度上加剧了大气污染。经济增长对大气污染的影响主要分为两个方面,一是经济高速增长短期内会加大对资源能源消费的需求,京津冀地区以煤炭消费为主,传统石化能源的大量消费直接导致污染物排放的增加;二是随着经济发展到一定阶段,政府的环境治理能力和水平不断提升,同时随着绿色低碳技术的不断应用,经济增长与能源消耗和污染物排放实现脱钩,经济增长与大气污染的关系进入库兹涅茨曲线拐点的右侧。

从工业结构来看,京津冀第二产业占比的估计系数为 0.613,说明工业化发展对大气污染的影响较大,产业结构是联系经济发展与大气污染的重要桥梁,河北、天津等地第二产业尤其是重工业占比较高,尤其是河北省 11 个城市目前正处于工业化快速发展时期,高耗能、高污染的重化工产业结构模式仍占据重要位置,比如唐山、保定、沧州等城市第二产业占比达60%以上,传统的粗放式的工业化发展以及重工业主导模式,导致河北省大气污染持续不降,这也说明京津冀高质量绿色发展刻不容缓。

从城镇化水平和人口密度来看,京津冀城镇化水平和人口密度的估计系数分别为0.834和0.167,说明短期内京津冀城镇化发展和人口密度的增加会加重区域大气污染,京津冀地区城镇化水平与大气污染具有正相关性,京津冀城镇化率由2014年的55.2%上涨到2019年的64.2%,城镇化的扩张发展以及人口的不断集聚加大了对能源消费和机动车的需求,导致更多的能源消耗和污染排放。

从对外开放来看,外商直接投资估计系数为-0.028,说明外商直接投资对京津冀大气污染改善具有正向促进作用。一般来说,外商直接投资对大气污染存在"污染天堂"与"污染光环"两种对立假说。"污染光环"认为外商直接投资可通过"溢出效应"和"示范效应"提高所在地的绿色技术水平,从而减少污染物排放。"污染天堂"认为外商直接投资的增加会引进更多的高耗能、高污染企业,通过"污染转移"效应增加所在地污染物的排放。本研究结果显示,京津冀外商直接投资在一定程度上促进了京津冀技术的进步,支持"污染光环"假说,与"污染天堂"和"污染避难所"假说的关联性并不显著。当前,京津冀地区的外商直接投资可为区域带来先进经验和技术,提高大气污染治理水平。

表6-12　空间效应模型测算结果

自变量	空间滞后模型(SLM)		空间误差模型(SEM)	
	固定效应	随机效应	固定效应	随机效应
GDP	0.503***	0.511***	0.287***	0.279***
URB	0.834***	0.827***	0.821***	0.813***
P	0.167**	0.154**	0.281**	0.249**
IND	0.613***	0.608***	0.456***	0.471***
FDI	-0.028**	-0.026**	-0.049*	-0.050*
ρ	0.634*** (11.02)	0.625*** (11.23)		
λ			0.669*** (12.33)	0.670*** (11.21)
AIC	-443.321	-357.982	-436.456	-349.898
BIC	-412.453	-324.889	-405.781	-312.102
Log-likelihood	269.231	228.122	260.363	220.095

注：***、**、*分别表示1%、5%、10%的显著性水平检验。

厘清大气污染的空间交互特征,从空间计量角度剖析大气污染与其影响因素之间的关联性,是破解城市群大气污染治理联防联控问题的实证深化。本书在已有研究的基础上,利用探索性空间数据分析法和标准偏差椭圆SDE方法,分析京津冀13个城市1998—2018年大气污染的空间联动特征和空间重心转移曲线,运用空间滞后模型,从经济、产业、城镇化、人口以及对外开放等视角探讨了京津冀大气污染的空间关联性。研究结论如下：

(1)京津冀大气污染在区域范围以及不同城市之间在空间上存在动态联动效应,具有显著的空间集聚特征和空间异质性,其中,石家庄、唐山、廊坊、衡水、沧州、邢台等城市呈现显著的高—高集聚特征,北京、张家口、承德和秦皇岛等城市呈现显著的低—低空间集聚特征。

(2)京津冀大气污染重心,主要位于京津冀几何重心的南部方向,说明京津冀南部地区的大气污染较为严重,大气污染重心转移大致可分为两个阶段,分别为 1998—2003 年重心向西向南方向转移以及 2013—2018 年重心向西部方向转移。

(3)京津冀大气污染具有显著的空间溢出效应,经济增长、城镇化发展、产业结构、人口密度等均对京津冀大气污染产生正向影响,外商直接投资对大气污染产生负向影响。

根据研究结论,提出如下建议:首先,深化区域大气污染协同治理机制。由于大气污染在区域间以及区域内不同城市间存在空间动态交互作用,大气污染具有显著的空间溢出效应,因此,区域大气污染协同治理联防联控势在必行。当前,京津冀、长三角和珠三角等地区已经建立了区域大气污染联防联控机制,实现大气污染的有效防治,应进一步建立大气污染的生态补偿机制,实行区域间大气污染信息的共建共享,建立跨区域跨部门的环境风险预警和响应机制。其次,粗放式的工业发展模式和低效扩张的城镇化发展模式是大气污染的重要原因,一方面,京津冀和长三角地区产业重构问题突出,导致资源错配和不可持续发展,因此,从区域协调全局出发,要统筹优化区域产业布局,制定负面清单,立足不同城市资源环境禀赋,拉长产业链,推动创新链,提升价值链,实现区域产业资源的高效配置;另一方面,城镇化高效集约和可持续发展势在必行,城镇化转型发展要以绿色发展理念为引领,推动集约紧凑型城市的建设,以合理的布局带动城市产业的优化转型和资源能源的高效利用。最后,借助空间管控优化生产、生活、生态空间布局,降低大气污染。从空间规划源头、宏观战略层面对区域发展的布局、结构、规模等进行优化调整,变过度开发为适度开发,变无序开发为有序开发,变短期开发为持久开发,以"生态保护红线、环境质量底线、资源利用上线"作为区域和城市空间规划的底线约束,在空间规划实施过程中落实环境管控和风险防范的要求,将环境功能定位和生态环境风险防范的目标融入空间规划,从而实现区域范围内的协同可持续发展。

三、京津冀大气治理的经济影响及减排效果

本部分对京津冀大气污染治理的经济影响程度及减排效应进行定量分析研究。在前面探讨京津冀大气污染来源、大气污染和经济关联与影响的基础上,采取投入—产出表,建立京津冀大气污染治理可计算一般均衡(CGE)模型,设置基准情景和政策发展情景,对能源结构调整、技术进步与大气污染治理的政策组合进行模拟研究,分析不同调控政策情景对京津冀经济的影响,模拟分析不同调控政策情景下京津冀 $PM_{2.5}$ 减排的效果。

1. 模型构建

一般均衡理论是将整个经济体系看成一个系统整体,商品和生产要素的价格与供求通过相互影响和制约形成均衡。20 世纪 60 年代,挪威经济学家约翰森(Johansen)尝试开发建立了一般均衡模型(General Equilibrium),经过不断发展,一般均衡模型逐渐成熟并在世界范围内广泛应用,可计算一般均衡模型(Computable General Equilibrium,CGE)不断应用于经济、政策、决策领域的研究和支撑上。生态环境领域的 CGE 应用方面,主要是通过建立模型模拟计算征收环境税和排放权交易等方式对环境影响以及经济社会的影响(图 6 – 18)。本研究拟建立京津冀可计算一般均衡模型,情景分析京津冀地区征收环境税对大气污染治理和经济的影响。

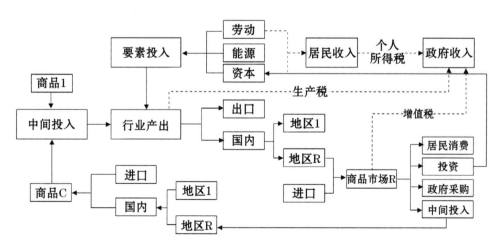

图 6 – 18　一般均衡模型结构示意图

本研究模型主要借鉴澳大利亚莫纳什大学（Monashi University）开发的CEG模型，同时加入大气污染物排放模块，模块主要包括生产、投资、消费、大气污染物、环境税、市场、模型闭合等模块。

一是生产模块。其中，生产部门包括农业、制造业、建筑业和服务业，投入部分包括生产要素投入和中间投入，区域包括京津冀三地、国内其他地区以及国际区域等。生产模块由中间与生产要素总投入的复合、中间投入复合、国内商品与进口商品复合、国内商品复合四层嵌套组成。

二是需求模块。包括政府需求、投资需求、居民需求三个模块，其中，不同需求模块设定不同嵌套模型，政府需求模块包括政府对产品的总需求和政府对国内产品的需求量两个嵌套；投资需求模块包括国内产品的投资需求量、国内产品和进口产品的需求量复合、投资产品三个嵌套；居民需求包括居民选择国内产品的复合、居民对国产商品和进口商品的需求复合、居民商品选择的优化三个嵌套。

三是大气污染排放模块。前期研究发现，二氧化硫排放与细颗粒物污染具有稳定的高度相关关系（魏巍贤等，2015），研究人员一般将二氧化硫排放作为中间项评估细颗粒物污染情况，本研究假设二氧化硫主要来自煤炭、石油、天然气等石化能源的消费大气污染排放。

四是市场出清模块。可计算一般均衡模型的基础是假设市场是完全竞争的，同时经济系统的供给和需求达到平衡，这就使市场上的商品需求和商品供应达到平衡，满足市场出清条件。产品市场上，要求生产商品总量等于中间投入、投资、消费、政府等不同需求的综合。要素市场上，要求劳动的供给与劳动需求达到平衡，资本的供给与投入达到平衡，能源的投入与供应需求达到平衡。

2. 情景设计与数据处理

2013年，生态环境部提出力争在2030年全国所有城市空气质量标准达到二级水平，$PM_{2.5}$年均浓度降至35微克/立方米，基于京津冀三地经济发展阶段、经济结构和能源消费结构，本研究将北京、天津的$PM_{2.5}$浓度目标定为30微克/立方米，河北省的浓度目标设定为33微克/立方米，通过不同大气污染治理措施,包括环境税、生产税、转移补偿支付几个方面来进行阐述。其中,环境税方面,我国于 2018 年正式实施了《中华人民共和国环境保护税法》,规定大气污染物的税率为 1.2～12 元/污染当量,折合成二氧化硫税率为 1262～12630 元/吨,本研究的环境税以二氧化硫税为主,探讨大气污染治理的减排效果。消费税方面,主要是对京津冀三地行业生产征收不同的税率。转移支付方面,主要是京津冀三地涉及生态环境保护产生的利益补偿、生态补偿等费用。根据不同措施,设定五种不同情景假设,运用可计算一般均衡模型进行模拟计算,具体情景设置如表 6-13。

表 6-13 情景设置

序号	情景设置	情景解释
1	基准情景	不采取任何政策措施,延续当前的经济发展方式和环境治理手段
2	环境税情景	按照京津冀三地不同情况征收二氧化硫税
3	生产税情景	提高京津冀三地煤炭、制造业等行业的生产税率
4	综合情景1	按照京津冀三地不同情况征收二氧化硫税 提高京津冀三地煤炭、制造业等行业的生产税率
5	综合情景2	按照京津冀三地不同情况征收二氧化硫税 提高京津冀三地煤炭、制造业等行业的生产税率 按照"谁受益谁付费"原则,建立区域生态补偿机制

3. 京津冀大气污染治理减排效应分析

大气污染治理效果。通过模型模拟不同情景下大气污染的治理效果,结果显示(表 6-14),征收环境税对大气污染治理的效果较为显著,其中,天津对二氧化硫税收的反应较为明显,河北省效果相对较小,主要原因在于河北省当前仍以重工业为主,煤炭消费短期内仍处于高位水平。生产税的模型分析结构没有显现出以上问题。对于综合情景 1 而言,双税合并的模拟结果能够实现同样的治理效果,同时税率水平也低于单一的税收情景。

表 6-14　不同情景下京津冀三地 PM$_{2.5}$ 浓度　　　单位：微克/立方米

省份	基准情景	环境税情景	生产税情景	综合情景 1	综合情景 2
北京	33.4	29.2	29.2	29.2	29.2
天津	36.9	29.8	30.0	30.0	30.1
河北	39.7	33.4	32.6	32.8	32.9

对地区生产总值的影响。不同情景的治理措施对京津冀三地的经济影响不同。在环境税情景下，北京和天津的经济增长受影响较小，河北省由于工业占比较高，受到环境税的影响相对较高；生产税的情景下，京津冀三地经济增长均受到较为明显的影响，和环境税相比，生产税对经济的抑制程度较大，其中河北省受到的影响最为明显；综合情景 1 下，京津冀三地经济增长受到的影响介于环境税和生产税之间；综合情景 2 下，北京和天津给予河北省利益补偿，河北省的经济增长压力得到有效缓解。

总体而言，本部分通过可计算一般均衡模型模拟分析了不同情景下京津冀大气污染治理情况和减排效应（表 6-15），结果表明，如果不采取任何经济层面的政策措施，到 2030 年，北京、天津和河北三地的细颗粒物浓度分别降至 33.4 微克/立方米、36.9 微克/立方米、39.7 微克/立方米，难以实现国家制定的细颗粒物目标浓度。在征收环境税或者向高耗能高污染行业企业征收生产税的情景下，均能实现大气污染治理目标，进一步考虑京津冀三地利益补偿情况，北京和天津对河北的利益补偿一定程度上可以缓解河北省的经济下行压力。集中情景均有利于京津冀三地经济结构和能源结构的调整优化，长期来看，对京津冀三地经济社会发展以及生态环境保护具有正向的积极作用。

表 6-15 不同情景下京津冀三地 GDP 增长率变化情况

单位：%

年份	环境税情景			生产税情景			综合情景 1			综合情景 2		
	北京	天津	河北	北京	天津	河北	北京	天津	河北	北京	天津	河北
2019	-0.091	-0.108	-0.368	-1.298	-2.012	-2.469	-0.494	-0.701	-1.101	-0.639	-0.706	-0.918
2020	-0.089	-0.109	-0.349	-1.139	-1.698	-2.345	-0.388	-0.603	-0.931	-0.508	-0.604	-0.771
2021	-0.269	-0.338	-1.189	-1.112	-1.702	-2.667	-0.501	-0.701	-1.403	-0.568	-0.678	-1.231
2022	-0.219	-0.306	-0.936	-1.113	-1.887	-2.897	-0.432	-0.703	-1.311	-0.526	-0.669	-1.138
2023	-0.198	-0.305	-0.857	-1.072	-1.974	-3.066	-0.411	-0.723	-1.336	-0.518	-0.701	-1.129
2024	-0.179	-0.311	-0.807	-1.038	-2.016	-3.088	-0.385	-0.749	-1.354	-0.507	-0.719	-1.108
2025	-0.167	-0.329	-0.819	-3.190	-5.108	-8.706	-0.119	-2.011	-3.534	-1.396	-1.189	-3.216
2026	-0.397	-0.678	-1.956	-2.598	-4.588	-7.485	-0.078	-1.823	-3.512	-1.298	-1.802	-3.179
2027	-0.348	-0.659	-1.714	-2.401	-4.398	-7.213	-0.911	-1.649	-3.201	-1.108	-1.643	-2.768
2028	-0.299	-0.668	-1.652	-2.189	-4.501	-7.210	-0.838	-1.611	-3.108	-1.099	-1.627	-2.701
2029	-0.299	-0.691	-1.698	-2.096	-4.698	-7.588	-0.802	-1.673	-3.278	-1.113	-1.703	-2.766
2030	-0.298	-0.758	-1.799	-2.012	-5.113	-7.989	-0.801	-1.798	-3.462	-1.149	-1.841	-2.914

第七章　国际绿色发展与环境协同治理经验

第一节 绿色经济发展的国际经验

绿色经济是在传统产业经济发展的基础上,以经济发展与环境协调为导向的新型经济形态,旨在实现经济效益、环境效益和生态效益的协调统一。党的十八届三中全会报告指出,要着力推进我国的绿色发展、循环发展、低碳发展;党的十八届五中全会提出,将"绿色发展"作为"十三五"规划五大发展理念之一;党的十九大报告提出,要建设美丽中国,推进绿色发展,建立健全绿色低碳循环发展的经济体系。这些都为我国经济绿色低碳转型以及绿色经济的可持续发展指明了方向。当前我国正面临着严峻的能源环境约束和节能减排压力,发展绿色经济是我国实现可持续发展的必由之路。研究借鉴其他国家的经验和做法,为提升我国绿色经济竞争力,发展绿色经济提供了一定的理论参考。

日本和韩国是亚洲绿色经济的倡导者和推动者,近年来绿色经济发展迅速,两国在保护生态环境和实现经济的可持续发展方面做了一些有意义的尝试,其在绿色低碳经济发展过程中的一些成功经验值得我国参考和借鉴。本书在对日韩两国绿色经济发展经验进行总结和分析的基础上,提出推动我国绿色经济发展的对策与建议。

一、制定绿色发展的政策法规,以战略规划引领绿色经济

20世纪90年代起,日本开始工业绿色转型,日本政府围绕绿色发展先后颁布了十多部法律规章,并开展实施环境税种、出台经济绿色发展的保障政策与措施。日本早在1998年就颁布了《全球气候变暖对策促进法》,2009年又提出到2020年温室气体排放量比1990年减少25%的目标(田成川、柴麟敏,2016),2012年日本实施全球变暖对策税,开始对石油、天然气等石化燃料征收税。2008

年日本政府提出"发展绿色经济的行动计划",提出日本发展绿色经济的目标、计划和实施措施,2009 年日本政府公布了《绿色经济与社会变革》,提出通过能源与环境政策推动绿色发展。2010 年日本政府发布《绿色投资促进法案》,引导绿色投资,推动国家绿色产业的发展。此外,日本着力推进碳排放权交易制度,分别于 2005 年和 2008 年颁布了《自主参加型国内排放权交易制度》和《排放权交易制度的国内统一市场试行方案》,日本东京已于 2010 年开始执行碳排放权交易计划。

近年来韩国注重绿色经济的发展。2008 年韩国政府提出"低碳绿色增长战略",将绿色增长模式上升到国家发展的首要战略,2009 年韩国政府发布了"国家绿色增长战略及五年计划",提出到 2020 年韩国成为全球七大绿色大国之一(庄贵阳等,2013;文捷,2014)。2010 年韩国颁布了《低碳绿色增长基本法》,在该法律框架下,韩国制定了绿色增长国家战略,提出加强绿色技术研发,推动传统产业绿色化转型。韩国政府不仅制定了国家低碳绿色发展的目标,还制定了国家绿色战略规划与路线图,确定战略实施的重点。2009 年,韩国政府公布了"绿色能源技术开发战略路线图"和"新增长动力规划及发展战略",旨在推动韩国绿色技术产业和绿色能源的发展。

韩国政府不仅颁布了有关绿色经济发展的法律规章,同时协调多个部门机构,确保绿色经济的有效开展,并建立了能耗量化管理制度、绿色交通制度、绿色增长基金制度等有利于国家绿色发展的制度。2009 年,韩国政府成立绿色增长委员会,该委员会由韩国总统直接管辖,旨在推动和落实国家绿色增长战略。此外,韩国政府成立了一些专门机构,组成绿色经济发展政策促进系统,对不同领域的绿色发展进行管理协调(表 7-1)。

表 7-1 韩国绿色经济发展政策促进系统

领域	法律规章	促进计划	主管机构	专门机构
农业	绿色农业培育法	绿色农业培育计划	农林水产食品部	
工业	促进绿色工业结构转换的法律	绿色工业发展综合计划	知识经济部 环境部	韩国环境产业技术员、国家清洁生产中心
服务业	有关促进资源节约利用的法律	绿色物流政策促进方案	环境部 国土海洋部	
建筑业	大气环境保护法、建筑废物再利用指南	建筑环境计划、建筑废物再利用计划	环境部 国土海洋部	
新能源再生资源	新能源及再生资源开发利用促进法	新能源及再生资源开发利用促进计划	知识经济部	新能源再生资源中心
固体废物利用	废弃物管理法	国家废弃物综合管理计划、资源再利用计划	环境部	韩国环境公团 韩国废弃物协会
生态园区	有关促进绿色工业结构改变的法律	生态工业园区建设计划	知识经济部 环境部	韩国工业园区公团
绿色产品	有关促进绿色产品相关法律和购买指南	绿色产品购买促进计划	环境部 调达厅	韩国环境产业技术院

二、开展城市建设的绿色化转型

日本政府从绿色交通、绿色建筑和绿色消费等领域积极开展城市绿色转型建设。在绿色交通方面，日本政府大力支持新能源汽车技术的研发，推动电动汽车、氢气发动车等新能源汽车的使用，开展生物柴油的应用研究，如日本东京于 2007 年将生物柴油引入市区范围内的公共汽车系统，2009 年日本对《环境保护条例》进行修订,要求汽车拥有量超过 200 辆的公司,到 2016 年拥有低污染、低能耗汽车占比达到 5% 以上。在绿色建筑方面,日本注重挖掘建筑的节能潜力。日本建筑能耗占全社会能耗的 30% 左右,其中东京的建筑能耗占比高达 60%。为此,日本政府于 2012 年颁布了《促进城市低碳化相关法律》,在该法律的框架下,启动了低碳建筑物认证制度。此外,日本公共建筑普遍使用节能效率高的节能设备,采用废热能源综合利用系统,对节能系统进行调控,东京都政府要求面积超过 1 万平方米的建筑,应提交环境报告。在绿色消费方面,日本政府于 2009 年提出"环保积分制度",鼓励本国公民在消费时选择节能环保产品,并给予一定的消费补偿,到 2011 年,日本实施的环保积分制度为日本创造了约 5 万亿日元的经济效益(原毅军,2014)。同时,日本注重绿色消费理念的宣传,在全国范围内开展环境教育,并将绿色消费理念纳入产品设计以及销售过程中。

韩国政府注重城市绿色交通和绿色消费。在绿色交通方面,2008 年,韩国政府开始对政府公车实施限制出行政策,提出公车单双号出行措施,并积极推进绿色交通系统的开发运用,如韩国首尔市设立了 8 条公交专用道,鼓励公民公交出行。除积极开展绿色公共交通外,韩国政府着手建设自行车专用车道,提出建立全国自行车专用道网,同时,韩国政府积极开发混合动力公共汽车,目前首尔市混合动力公共汽车占公交车总量的 60% 以上(冯立光等,2011)。在绿色消费方面,韩国政府于 2005 年制定了《绿色商品购买指南》和《绿色商品购买促进计划》,旨在鼓励公众绿色消费,此外,韩国政府于 2011 年制定了"绿卡"制度,在全国范围内发行和推广"绿卡",公民持有"绿卡"在进行绿色消费时可获得一定的消费优惠,鼓励本国公民在消费时选择绿色产品和节能产品,并给予一定的积分累计,积分可直接抵用现金消费。

三、推行资源能源集约利用,开展绿色技术创新应用

日本和韩国注重发展循环经济和静脉产业,在资源能源集约利用方面有着较为成功的经验。日本于 1991 年颁布《资源回收利用法》,要求对垃圾进行分类回收利用,1995 年实施《容器包装分类收集及再商品化法》,对固体废物的分类

进一步细化,2001年实施《家电回收利用法》,对家电类产品进行回收利用。日本具有完备的工业固体废物回收利用体系和生活垃圾分类管理措施,能够实现工业固体废物和生活垃圾的分类处置与回收利用。韩国从2006年开始注重生活垃圾能源化,在首都圈垃圾处管理公社建设生活垃圾处理设施,将生活垃圾进行能源化处理,该项行动使韩国每年能够节省1500亿韩元。同时,韩国从2003年开始执行生产者责任延伸制度,即企业将在生产过程中产生的固体废物进行回收利用,生产值、销售者、消费者、固体废物循环利用企业分别承担产品的再生利用责任。此外,韩国政府注重培育新能源和可再生能源,早在1987年,韩国政府就颁布了《替代能源开发促进法》,提出支持新能源和可再生能源的开发利用。2008年,韩国提出"低碳绿色发展"战略,要求大力发展绿色技术和清洁能源,推动太阳能、风能等新能源的开发利用。当前,韩国的太阳能和风力产业的技术水平处于亚洲领先地位。此外,韩国政府从2008年开始限制政府公共部门机动车出行,对800多个公共机构机动车实行单双号限行,将政府部门公共用车换成节能型氢动力车或者经济型机动车。

在绿色技术创新应用方面,日本政府投入大量的科研力量鼓励绿色技术的研发,并根据《京都议定书》等协议提出绿色低碳经济发展规划,要求以技术创新带动绿色发展,当前日本已成为全球最大的光伏设备出口国,日本的生物应用、智能技术研发等处于世界先进水平。韩国政府也大力推动绿色低碳技术的创新与应用,2012年其对低碳绿色技术的投资占国内生产总值的5%,对绿色技术研发给予政策优惠,包括将研发设备投资税抵扣提高到10%,积极推动绿色生物技术的研发(常杪等,2016)。同时,韩国重视太阳能、风能、新能源汽车的技术研发与应用。2000—2009年,韩国太阳能专利申请数量超过3000个,占新能源与再生资源领域专利总数的50%以上,占韩国历年太阳能专利申请总量的90%以上,与此同时,韩国在新能源汽车以及风能产业方面的技术研发也较为突出。

四、政府支持与市场融资并行,大力发展绿色金融

日本政府注重环境投入,其中国家环境部门资金预算和人员编制比例为我国的10倍,地方环境部门人员数量比例为我国的2倍(田成川、柴麒敏,2016)。日本在环境保护方面的投资占国内生产总值的8%左右,是我国的5倍左右。除财政支持,日本政府还对环保市场给予支持,实施一系列鼓励优惠措施,如公共金融、税收优惠、技术指导等。日本支持非盈利性质金融机构的发展,创办了政府非盈利金融机构,为节能环保企业提供贷款优惠。鼓励企业在环保设备等领域的投资,并给予一定的优惠,如减免税收,简化环保投资贷款、提供低息贷款等政策,鼓励企业提高节能环保技术。

韩国政府大力发展绿色金融,为大型企业开展绿色项目给予财政和税收等方面的支持。为中小型企业设立低碳绿色专用基金,对基金的管理和使用实施制度化,鼓励中小型企业绿色创新发展,为企业提供政策优惠。韩国政府引导民间绿色投融资,鼓励金融机构发行绿色债券,并对金融机构给予一定的优惠政策,2014年韩国绿色融资为3000亿韩元,大大推动了企业的绿色转型发展(向明艳,2014)。此外,近年来韩国政府探索通过金融市场引导绿色发展,如建立碳排放交易制度,成立碳排放交易所,开发建立绿色产业股价指数,并建立绿色股价专用交易市场等。

五、对我国的启示与借鉴

低碳、循环和绿色发展战略是我国今后发展经济的必然选择。日本和韩国在绿色经济发展过程中的成功经验值得我国参考和借鉴。

1.制定绿色发展战略,建立完善的绿色发展法律规范体系

作为世界上最大的能源消费国,我国在经济发展中面临着严重的资源环境压力。因此,应尽快制定绿色经济发展战略,制定转型规划,提出绿色经济发展的目标、重点等,将生态环境保护纳入政府考核指标体系中。此外,法规政策是我国经济绿色转型的基本保障。近年来日本和韩国政府围绕绿色经济建设制定了一系列的法律规章,并针对城市建设、建筑、汽车、家电等不同领域制定相关法规标准。当前我国绿色低碳发展相关法律体系尚不完善,因此在发展绿色经济过程中,可以借鉴日本和韩国的做法,进行绿色发展顶层设计,制定绿色发展的

相关法律规范,如加快制定和修改能源生产和转化相关的法律规范,完善节能减排相关规范标准,建立碳税、碳排放权交易等制度,并着手建立完善的绿色发展政策体系,通过完善的政策体系和管理制度,确保将绿色发展理念融入决策制定、实施、监督、反馈等全过程中。

2. 发展绿色技术,推动科技创新和制度创新

技术研发和创新应用是我国经济绿色转型的动力和核心内容。绿色技术及科技创新不仅可以提高我国自然资源的利用效率,还能推动生产方式的改变。借鉴日本和韩国的绿色发展经验,我国应加大对绿色经济关键技术的研究和应用,制定绿色技术发展规划,优先开发新型高效的绿色技术,鼓励企业引进先进的设备,引导企业积极开展绿色技术的开发。绿色经济的发展有赖于能源、交通、建筑、消费等领域的绿色化,在能源方面,学习日本和韩国对太阳能和风能开发利用的经验,通过推动绿色技术创新和技术合作,大力推进太阳能、水能、风能、地热能和生物质能等可再生能源的开发以及能源结构的转换;在交通方面,通过技术研发和技术引进,研发节能环保的建筑材料,开发新能源环保汽车和绿色公共交通系统;在建筑方面,开展绿色建筑示范工程,培育扶持绿色建筑相关产业的发展,完善绿色建筑科技成果应用机制;在消费方面,通过奖励政策和产品创新,出台优惠政策,引导企业和公众选择绿色环保设备和高效节能的产品,倡导绿色的生活方式,引导公众进行绿色消费,支持中小企业与日本、韩国高新技术企业的合作,学习借鉴日韩两国先进的绿色技术。

3. 构建政府、企业和公众共同参与的绿色发展机制

积极推动排污权有偿使用和碳排放交易制度,推动工业、交通、建筑等重点行业和重点领域的资源能源集约利用和减排工作,从经济奖罚方面引导企业参与到生态环境保护过程中。推动建立跨区域、跨流域的生态补偿机制,形成补偿与交易并存的生态补偿机制,建立完善的资源有偿使用制度和环境污染责任保险制度。着手编制不同地区的自然资源资产负债表,提高对地区生态环境和土地资源的保护力度。健全地区评价考核体系,将资源生态和环境考核指标纳入政府考核标准中,形成科学的奖惩和责任追究机制。此外,应鼓励全社会共同参

与绿色经济建设。

4.提高公众和企业的绿色责任意识

日本和韩国的绿色低碳发展观念已深入人心,普通公众的生态环保意识较高,在生产和生活中均践行绿色理念。日本和韩国均重视企业在国家绿色经济发展中的作用,韩国法律规定生产商需承担产品回收和处置利用的费用,同时生产商需定期向政府主管部门提交产品回收利用情况以及履责任务。我国在发展绿色经济过程中,应注重提高企业的绿色责任意识,对企业产品回收利用的情况进行监管,同时鼓励企业主动担负起产品回收利用的责任。对于普通公众,我国要充分提高公众的绿色环保意识,加强对公众绿色生活消费的引导和示范,引导公众开展绿色消费,并给予一定的优惠政策,提高公众的绿色消费意识,让全社会参与到绿色经济发展建设过程中。

第二节 生态环境协同治理的国际经验

在工业化发展过程中,伴随着资源的大量消耗,生态破坏和环境污染日益严重。世界上很多发达国家都曾遭遇过严重的大气污染问题,比如20世纪40年代开始出现的美国洛杉矶"光化学事件"、20世纪50年代英国伦敦"烟雾事件"、日本四日市"公害事件"等。发达国家重视大气污染防治工作,同时也积累了丰富的治理经验,特别是在区域大气污染防治协作方面已经取得较好的效果。因此,全面比较、充分吸收发达国家、地区和城市大气污染治理的经验,可为京津冀污染协同减排和治理提供一定的借鉴和启示。发达国家在治理污染问题时,均出台多部法律,做到治理污染"有法可依",比如,1956年英国颁布了《清洁空气法案》,这是全球第一部专门针对空气污染问题的立法,也为其他国家的环境治理提供了实践参考;美国于1963年颁布了《清洁空气法》,德国于1974年颁布《联邦污染防治法》,均为治理环境问题提供了法律依据(见表7-2)。

表7-2 部分发达国家和地区大气污染治理的经验

年份	国家(地区)	问题	措施
1952	英国	烟雾、大气污染治理	颁布《清洁空气法案》,严禁排放黑烟,要求无烟煤
1976	美国	大气污染治理	建立大气环境管理制度,制定大气质量计划
1979	欧洲	大气污染治理	制定实施《长距离跨界大气污染公约》
1985	欧盟	二氧化硫减排	签署"赫尔基协议",要求签署国1993年前降低二氧化硫排放量30%
1988	欧盟	氮氧化物减排	签署"索菲亚协议",提出氮氧化物控制标准和措施
1990	美国	臭氧污染治理	修订完善《清洁空气法案》,推动臭氧污染治理
1991	欧盟	挥发性有机物减排	签署"日内瓦协议",要求签署国1999年前降低挥发性有机物30%

一、英国环境污染治理经验

英国是全球最早开展工业革命的国家,其首都伦敦是全球工业化最早的城市之一,英国经济高速发展的同时,伴随着工业生产对煤炭的大量需求,由此产生大量的烟尘,带来日益严重的空气污染问题。19世纪末到20世纪中期,是伦敦大气污染最严重的时期,平均每年有30~50天处于重度污染。20世纪中期,伦敦共发生了十余次严重的大面积"烟雾事件",其中,1952年冬伦敦"烟雾事件"造成4000多人死亡,相关疾病导致的死亡率成倍增加,是英国历史上持续时间最长、危害最为严重的空气污染事件。"烟雾事件"不仅对居民健康带来威胁,同时给英国农业、旅游业等行业带来严重的影响和损失。此后,英国政府采取了一系列政策措施治理伦敦烟雾污染,取得了较好的成效。20世纪70年代,机动车数量猛增导致英国交通污染严重,尾气治理逐渐成为工业污染治理之后的另一个重要议题。英国政府的工作重心转向交通污染治理,并取得了显著成效。经过多年的大气污染防治,到 1975 年英国每年的大气污染天数降到 15 天左右,1980 年更进一步降低到 5 天,到 2016 年英国大气中的一氧化碳、臭氧、二氧化硫等污染物均低于安全标准,英国成功攻克了大气污染问题。总体来说,英国治理大气污染的主要经验如下。

一是加强大气污染治理的顶层设计,完善大气污染防治法律规章。完善的法律制度是大气污染防治的重要保障和依据。英国制定颁布了一系列污染治理的法律法规:1954 年,伦敦制定了《伦敦法案》,提出要严格控制大气污染,减少烟雾等大气污染物的排放。1956 年,英国出台了世界上首部大气污染防治法案《清洁空气法案》,强调要加强大气污染治理、推进区域生态环境保护。之后,英国陆续颁布实施了《污染控制法》《汽车燃料法》《控制公害法》《污染预防和控制法案》等多项法律,据统计,20 世纪 70 年代、80 年代、90 年代,英国分别出台了 15 部、24 部和 31 部大气污染治理相关法律规章,形成了完善的大气污染防治法律体系。同时,英国的法律执行力度也很强大,不断提高企业的违法成本。

二是调整优化产业结构和能源结构转型升级。一方面,英国不断调整升级产业结构,控制钢铁、纺织、造船、机械等高耗能产业的发展,推动化工、航空、机电等行业从生产向高端设计、集成等附加值更高的产品转型;大力发展高新技术产业、服务业等产业,鼓励企业采用清洁低碳生产工业和生产技术,推动高耗能企业提升技术手段,不断向低耗能企业转型发展。另一方面,重视能源结构转型升级,不断提高能源利用效率,重视鼓励可再生能源的开发利用。1952 年,煤炭占英国一次能源消费比重的 60% 以上,英国政府重视能源结构转型升级,整治烟煤污染,到 1965 年伦敦煤炭在燃料中的占比降至 25% 左右,到 20 世纪 70 年代,天然气成为伦敦的主要燃料来源,到 2015 年,英国煤炭占一次能源的比例仅为 12% 左右。英国于 2004 年提出《能效:政府行动计划》,2005 年出台《气候变化行动计划》和《英国可持续发展战略》,2006 年出台《低碳建筑计划》,2008 年提出《国家可再生能源计划》和《低碳转型计划》等一系列推动国家经济转型发展和能源结构优化的战略规划,为英国绿色低碳发展提供了重要保障。

三是重视绿色城市空间规划与建设,确保生产、生活、生态的统一协调。一方面,英国对城市人口和生产空间进行了优化设计,通过建设新城转移伦敦中心城市人口和企业的数量与规模,大大缓解了伦敦中心城区的人口和环境压力;另一方面,英国重视绿色生态发展,尤其是伦敦注重土地的绿色集约化利用,建设了大量的城市森林公园、绿色走廊,伦敦三分之一的面积被城市公园、公共绿地、森林等覆盖,拥有100多个社区花园和50多个自然保护区,人均绿化面积达24平方公里,大大增加了城市的生态环境承载力,也提高了居民的生态幸福感。

四是加强绿色交通建设,倡导公众参与。20世纪70年代以后,英国伦敦大气污染的首要污染物由工业生产转为机动车尾气污染。为此,英国采取了一系列措施应对交通尾气污染。一方面,伦敦大力发展公共交通体系,伦敦地铁已形成400公里多达273个站点的覆盖网络,同时,英国大力发展新能源汽车,倡导市民绿色出行;另一方面,伦敦通过收取交通拥堵费减少机动车出行,2003年,伦敦规定工作日早7点到晚6点进入市中心一定范围内的机动车要每天收取5英镑的交通拥堵费,随后几年,收费范围不断扩大,收费标准也逐步提高。随后,伦敦市发布了《交通2025》方案,继续限制机动车进入伦敦市区,同时大力发展新能源汽车、绿色公共交通和自行车出行。

二、美国环境污染治理经验

美国洛杉矶是典型的工业城市,工业化快速发展推动了城市化的进程,同时也带来了严重的大气污染。1943年,洛杉矶地区发生了严重的"光化学烟雾污染事件",蓝色烟雾笼罩整个洛杉矶,导致市民眼睛疼痛、呼吸受限等疾病的发生。1952年和1955年,洛杉矶又发生了两次严重的"光化学烟雾事件",据统计,这两次光化学烟雾导致800多名65岁以上的老人因空气污染和高温天气死亡。洛杉矶政府针对光化学烟雾问题采取了一系列措施,经过几十年的努力,洛杉矶的空气质量得到了彻底的改善,1986年洛杉矶的臭氧超标天数为164天,到1997年降为68天,2000年降至40天,21世纪初,洛杉矶光化学烟雾问题基本得到解决。

一是完善大气污染防治法律规章。美国及洛杉矶政府针对大气环境污染问题制定了相对完善的法律规章,构建了联邦—州—地区—地方政府等不同层面的法律体系。在联邦政府层面,1970 年美国联邦政府出台《清洁空气法》,制定了美国空气质量标准;在州政府层面,加州政府于 1988 年出台了《加州洁净空气法》,规划了未来 20 年加州的空气质量;在地方层面,南加州政府相关部门负责对本地区各类空气污染源排放进行监测和监督管理,协调各地空气污染防治合作。1991 年,南加州空气管理局出台了《空气质量管理规划》,从交通出行、绿色技术、企业减排等几个方面提出有利于提升空气质量的管理措施。

二是重视发挥市场机制的作用。美国重视发挥有为政府和有效市场的作用,1990 年,美国《清洁空气法》修正案授权州与地方大气污染防治区发展市场化管理机制。美国加州南海岸空气质量管理局(South Coast Air Quality Management District,SCAQMD)实施了大气污染排放权交易机制,对加入排放权交易的企业进行污染物监测,在估算企业污染物排放情况的基础上实行配额管理,同时每年收缩配额,约束企业不断进行污染物减排。对积极减排的企业给予激励或者补偿,未达到排放标准的企业需向其他企业购买排放权,从而有效减低了企业的排放量。同时,加强技术创新,利用技术手段对大气污染进行治理。

三是加强环境治理区域协作和联防联控。大气污染具有流动性、扩散性和跨区域性等特征,仅靠单一行政区治理污染无法得到满意的成效,因此,跨区域合作治理被纳入污染防治工作中。美国加利福尼亚州制定了空气质量管理计划,提出开展横向政府间跨区域合作。随后,美国国会通过了《联邦清洁空气法案》,支持加利福尼亚州地区的大气质量管理。洛杉矶地区建立了跨区域大气污染联防联控机制。1946 年,洛杉矶政府成立了针对光化学污染的管理机构——烟雾管理局,负责洛杉矶空气污染控制。1967 年,南加州成立了空气资源委员会,制定了美国第一个空气质量标准,推动跨地区大气污染联防联控。1977 年,南加州的洛杉矶、奥兰治县、圣贝纳迪诺县等 9 个县政府都市区联合成立了美国加州南海岸空气质量管理局,这是一个跨区域的特别机构,由加利福尼亚州政府立法设立,决策部门对区域内的空气污染进行统一管理和监督,并负责制定区域大气污染防治规划、计划和政策措施。

四是加强科技创新和技术攻关。美国加利福尼亚州重视科学技术创新和绿色低碳技术的研发与示范应用。1953年,加利福尼亚州污染控制改革委员会着力推广降低碳氢化合物排放量的技术,发展快速公交先进技术等;1975年,加利福尼亚州鼓励使用机动车汽油由甲醇和天然气替代。加利福尼亚州空气质量管理局积极鼓励探索新能源汽车、燃料电池等绿色低碳技术,助力更多的节能减排技术应用到各行各业。

三、法国环境污染治理经验

最近十几年法国受到大气污染问题的困扰。法国卫生监测所发布的公报显示,21世纪初,巴黎、马赛和里昂等9个法国城市的细颗粒物($PM_{2.5}$)年平均浓度均超出了世界卫生组织建议标准的上限。2013年12月,大巴黎地区以及法国境内15个城市连续多日大气污染指数超过欧盟标准上限,成为近年来法国遭受的最为严重的大气污染事件,引起了法国民众的普遍抗议。需要说明的是,法国的能源消费结构转型升级程度较高,巴黎地区以核能为主要能源来源。巴黎的大气污染主要来自机动车交通污染,法国空气质量监测部门数据表明,巴黎地区的可吸入颗粒物近1/4来自工业污染物排放,1/3来自居民生活,1/3来自机动车交通污染排放。为此,法国政府和地方政府出台了一系列大气污染防治法律法规、行动计划和治理措施,不断改善空气质量状况。2002—2012年巴黎主要大气污染物排放量有所下降,其中PM_{10}下降35%,$PM_{2.5}$下降40%,氮氧化物下降35%(图7-1)。

一是立法先行,为大气污染治理提供坚强保障。法国政府出台了多项法律规章推动大气污染防治。1996年法国出台《防止大气污染法案》,提出对大气污染进行防治;2005年法国出台《能源政策法》,提出要加强能源结构转型升级,降低能源消费总量;2010年法国颁布《空气质量法令》,规定可吸入颗粒物污染物的浓度标准,要求可吸入颗粒物每年超标天数在35天以内。同时,法国注重建筑领域节能减排,是出台建筑节能最早的国家。据统计,法国的建筑节能超过

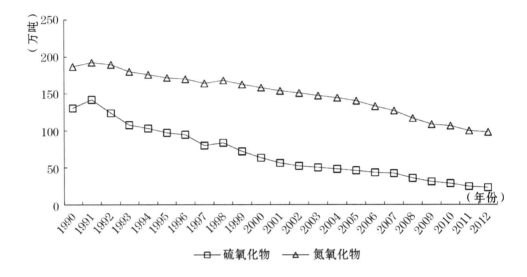

图 7－1　法国主要空气污染物排放情况

75%,2013年法国实施了修订后的《建筑节能法规》,对新申请建筑的节能标准进行了调整提升,大大推动了法国建筑领域的节能减排进程,也推动了太阳能、风能、地热能等新能源的研发利用与示范推广。

二是针对大气污染防治尤其是大气污染问题,法国出台了一系列空气质量改善计划,包括可吸入颗粒物减排计划、空气质量紧急计划措施和空气质量保护计划。2011年,法国实施了"颗粒减排计划",提出要提高大气污染物排放标准、加强工业领域大气污染监管、采取税收优惠等鼓励和激励机制、鼓励企业和公众积极参与大气污染防治。随后,2013年法国实施了"空气质量紧急计划",主要对交通领域可吸入颗粒物和二氧化氮等污染物的排放问题制定了相关的减排计划和措施,包括鼓励公共交通、拼车等多种出行方式,推行"自行车城市"计划,开辟自行车道,为市民自行车出行提供几乎免费的租赁服务;积极发展电动车等新能源汽车,鼓励电摩托车、电动汽车等多种电动交通工具的发展和应用;实行机动车限流限速等措施,根据车辆尾气排放情况,采取差异化停车收费标准。此外,法国政府要求各地政府因地制宜制定空气质量保护和改善计划方案,要求常住人口超过 25 万人且大气污染指数超标的城市和地区制定本地区"空气质量保护计划",加强大气污染防治。

三是重视大气污染排放的监测与研究。法国科学院组织多国研究团队对巴黎地区可吸入细颗粒物的污染现状、源解析、污染程度、影响因素等进行了系统研究和分析,应用国家空气质量模型(现为欧盟空气质量预报模型)开展仿真分析,这是全球首次以中纬度发达国家为对象开展大气污染的系统性研究工作,为巴黎大气污染防治提供了重要的理论支撑和决策参考。同时,法国加强对可吸入细颗粒物的在线监测和监督,巴黎地区设立了 50 多个自动空气检测站点,同时辅以可移动空气质量监测设备,保证监测结果的及时性、公开性和透明性。此外,巴黎还对机动车污染、冬季取暖、工业污染等排放实行了欧盟排放控制标准,由此氮氧化物和可吸入细颗粒物的浓度分别减少 24% 和 45%。

四是鼓励社会组织和公众积极参与空气质量保护。法国注重社会组织和公众参与生态环境保护和公益事业。由于近年来巴黎的大气污染问题,一些关系环境保护和大气污染的市民主动联合起来形成了各种绿色环保组织与社团,加强对政府部门以及行业企业的监督,推动大气污染防治措施的有效落实。同时,法国加强对公众的生态环境保护宣传与引导,生态环保组织和公众合力推动了巴黎大气污染防治的进程和效果。

四、日本生态环境治理经验

随着绿色发展理念和生态文明建设的不断深入,环境治理体系作为国家治理体系的重要组成部分,也面临着改革的压力和挑战。我国工业化过程与日本 20 世纪六七十年代工业化过程极为相似,产业结构和能源结构不合理导致环境事件频出,尤其是近年来的大气污染问题。日本政府在环境治理方面的成绩显著,其建立的政府—企业—社会的环境治理体系有效解决了本国的生态环境问题,对我国具有一定的借鉴意义。日本执行双轨推动开展环境治理,一方面日本政府通过管理制度建设和法制规则推动环境治理;另一方面日本企业通过改变环境行为,主动开展环境治理。同时,日本大力培育国民的环保意识和环保行动,让国民参与到环境治理的过程中。

地方政府发挥环境治理的先锋作用。日本的环境治理通过"自下而上"的方式推动展开,中央政府主要负责制定环境法规、标准以及环境政策措施等,地方政府全面负责本辖区的环境治理工作,是日本环境管理的先锋力量。一方面,日本地方政府可先于国家制定地方环境政策、标准和条例,标准、条例的管理范围可以比国家法律更为宽泛,地方政府通过建立健全环境治理运行机制,监督和评估环境政策的执行情况。例如,2003年高知县在全国率先制定"森林环境税"制度,向企业和居民征收森林环境税,用于本地森林的保护和修复;北九州大力推动循环经济的发展,加大资源循环利用,并于2004年制定了针对产业废弃物的征税条例,以促进废弃物的减量化、资源化和再利用。另一方面,日本各级政府均将环境保护工作置于政府各项职能的优先地位,杜绝经济发展过程中对生态环境的破坏和污染,同时,地方政府在企业中派驻具有专业技术水平的环境管理人员,监测企业的环境污染行为,并对企业进行防污指导。日本普通民众的生态环境保护意识很高,将环境保护绩效作为衡量地方政府的主要标准。

社会环保运动的推动作用。日本将社会的参与作为环境治理的主要手段之一,日本在其1993年颁布的《环境基本法》中明确提出要提高公民的环境保护意识,采取一系列政策措施,鼓励公民参与到环境治理的过程中。一是以教育为核心,培养公众的环保意识。早在20世纪60年代,日本就出台了推进环保教育的《学习指导要领》,提出要在中小学教育中设立环境保护课程,规定中小学环保教育的方法和内容。2003年日本颁布《有关增进环保意愿以及推进环保教育的法律》,进一步细化了环保教育的内容,将环保教育渗透到各学科的教学中。同时,通过社区活动和公益活动,规范学生的环境保护行为,培育学生参与环保活动的积极性。二是以市场为平台,构建绿色生产消费。日本主要从生产和消费两个方面,推动产品的绿色化。生产方面,日本重点推动企业的自主性环境保护行为,鼓励企业设立环境部门,对企业环保产品和技术研发给予税收和财政支持,并对节能环保企业给予融资支持。消费方面,2009年日本提出"环保积分制度",建立环保标志信息库,鼓励企业和居民在消费时选择节能环保产品,并给予一定的消费补偿。日本环境省数据显示,日本企业和居民购买绿色产品的实施率从2001年的50%上升到2010年的72%。三是以参与环境管理为责任,实施社会监督。日本重视公众参与,并在法律上明确了公众在环境治理中的地位和作用,鼓励本国公民参与环境治理,确保公民在环境保护方面的知情权、监督权和议政权。日本环境相关法律规定在规划和项目制定过程中,应广泛听取公众的建议和意见,规划项目实施和建成后,也要接受公众的环境保护监督。除此之外,日本建立了完善的环境信息公开系统和管理制度,确保公民及时了解环境信息。

企业与政府的良性互动。日本企业的节能环保理念非常深入,并取得了显著的成效。日本政府要求企业根据环境保护法规和标准进行建设和生产,对企业实施"源头—过程—末端"的全过程监督和约束,企业在资源能源利用、产品生产效率、废物处理处置等方面均注重环境保护和资源循环利用。一方面,政府通过技术支持和税收优惠等政策,鼓励企业技术革新和设备升级。例如,日本大力支持新能源汽车技术的研发,推动电动汽车、氢气发动车等新能源汽车的使用,开展生物柴油的应用研究。另一方面,政府并不倚靠强制措施和惩罚等刚性手段对企业加以约束,政府与企业相互协商沟通,达到良性互动。例如,在控制汽车挥发性有机物排放方面,政府与丰田等汽车制造商进行几轮讨论和协商,成功推动企业通过技术革新实现减排目标。此外,日本企业将环境保护作为企业发展的头等大事,设立专职环境保护部门,引入高新节能减排设备和废物综合处理设备,并将环保理念融入产品生产和销售中。这样一来,企业环境保护责任不断强化,在降低生产经营成本的同时,企业的形象也得以提升。

五、欧盟农村生态环境治理经验

改善农村人居生态环境,是实施乡村振兴战略的重要任务,也是建设美丽中国的重要组成部分。党的十九大报告中提出开展农村人居环境整治行动。2018年中央一号文件《中共中央 国务院关于实施乡村振兴战略的意见》从"产业兴旺、生态宜居、乡风文明、治理有效、生活富裕"提出乡村振兴的总体要求。以生态环境建设为核心生态振兴是乡村振兴的重要内容。当前,我国乡村生态环境建设正在向纵深推进,但由于我国农村差异较大,人居生态环境发展不平衡,相比于发达国家,我国在法律保障、政策措施、市场主体、技术水平等方面存在提升的空间。欧盟地区农村生态环境建设治理成效显著,为我国深入建设生态宜居乡村提供了参考。

1. 顶层引领

从单一的农业经济发展到农村可持续发展。一是实施农村环境发展规划。开始于20世纪60年代的欧盟共同农业政策是全球各地区农业政策的成功典范,1992年,欧盟部长会议正式采纳了共同农业政策。早期的共同农业政策主要关注农业经济发展,忽略了农业环境保护、农业生态修复等。近年来,可持续发展成为欧盟农业农村政策的重要主题,欧盟加强环境保护的融合发展,为农业农村的均衡可持续发展提供资金支持,内容涵盖农业用地造林、有机农业、农业与环境、气候变化、森林资源等。共同农业政策旨在为欧盟成员国的农业农村可持续发展提供资金支持,保障农业持续健康发展。近年来可持续发展成为欧盟农业农村政策的重要主题。2007年,欧盟出台了《2007—2013年农村发展条例》,主要从土地管理、农业发展、生态环境等方面提出农业和农村发展的目标。2013年,欧盟为实现农业经济与环境的可持续发展,进行了共同农业政策(2014—2020)改革,明确"农村发展项目"重点领域包括:低碳农业,恢复和加强农林生态系统,景观和生物多样性保护等农业生态环境诸多方面。新增"农业生产、自然资源可持续管理、区域协调发展"三大目标,积极推动农业补贴的绿色化,持续改善农业生态环境质量。同时,欧盟要求其成员国将农村生态环境建设纳入本国发展战略,各成员国坚持"规划先行"的原则,制定本国农村生态环境发展规划。除此之外,欧盟对农村环境治理基础设施的投入和运行进行环境监测和监管评估,建立了覆盖范围较广的农村生态环境监测体系,积极实施生态认证制度,对生态食品的标准和过程进行监管跟踪。可见,欧盟通过不断调整农业政策,从顶层规划层面实现了从单一的农业经济增长到农业农村全面可持续发展的改变。

2. 环境管制

由控制管理转向激励与创新并重。欧盟的农村环境管理由单纯的控制性管理逐渐走向激励性管理,并将科技创新作为环境治理的重要手段。一是欧盟将农业生态环境激励补贴机制作为推动农村生态环境建设的重要工作,包括财政投入、环境税费、财税补贴、贷款优惠等措施。欧盟共同农业政策(2014—2020)提出建立独立的绿色支付要求,提高对农村环保投资、有机农业、农村环保建设等方面的支付比例,鼓励农户维护农业良好的生态环境。欧盟通过基金和信贷支持引导生态农业经营主体自发投资,保障绿色农产品、绿色物流和绿色销售的有序运转,以农业生产环境指标为依据制定奖励机制,提高对生态农产品、农村生态景观、农业生产方式的专项补贴资助和优惠力度。例如,对农村环保设备给予补助和贴息贷款,对绿色农业企业减免机动车辆税,对环境友好或循环型绿色农业提供多项优惠政策,包括低息或无息贷款、对农业基础设施建设项目提供补贴和返税优惠,并加大对环保农业生产、农村环境基础设施建设、农村生态农业科研的财政补贴力度,开展农村环境污染治理和生态景观建设。欧盟部分成员国为加大绿色补贴的效果,在欧盟规定的基础上突出了环境改善目标,同时加大执法检查和惩罚力度。例如,德国突出对农村水、土壤和生物多样性的保护,并加大对农户绿色补贴符合条件的检查。

3. 科技支撑

将科技作为农村环境治理的推动力。欧盟注重利用科技支撑农业发展及生态环境保护,开展了一系列科技项目,支持农业生态环境治理和生态修复领域的技术创新。近年来,欧盟建立并完善了以"欧洲地平线"和"农村发展项目"为资金核心来源的农业科技创新资助体系。2018年6月,欧盟委员会向理事会提交了《关于未来食品和农业的立法建议》,再次启动对共同农业政策的改革,该建议明确要求欧盟和其成员国加大农业科技投入力度,并将农业环境保护相关技术的研发作为支持的重点。

4. 多元参与

从政府导向到多元参与的社会共治。近年来,欧盟农村生态环境保护中注重多元主体参与,不断调动各级政府、社会组织、社区、居民等多元主体参与的积极性,尤其是重视发挥农村的主导作用。欧盟为促进公众参与生态环境治理,实施了一系列的政策措施,如出台了《奥尔胡斯协定》《关于公众获得环境信息的指导方针》等规范文件,明确公众获得环境信息的权利和渠道。欧盟及主要成员国赋予基层政府、社区、农村等灵活的自主参与权和决策权,通过"农村地区发展行动联合"、地方行动小组等方式动员和联合农村地区多元化的参与,推动农业农村政策和项目的顺利实施,鼓励村民、企业、社会团体等多元主体参与到农村经济、环境建设中。同时鼓励地方利益相关方参与到发展决策和实施过程中,建立多元化的投资体制,将经济工具作为农村生态环境建设的重要工具。

欧盟经验对我国农村生态环境治理的启示如下:

(1)完善农村生态环境政策法律体系。一是因地制宜,制定农村生态环境发展规划。立足乡村实际是农村人居环境整治的关键,应根据各地区经济基础、自然地理、环境污染等特点,因地制宜实施乡村生态环境建设规划,按照生态、生活、生产三个维度进行规划调控,分区施策,分类指导。二是借鉴发达国家农村生态环境立法经验,制定化肥、农药、杀虫剂以及畜禽粪肥的施用标准,制定针对农村生活污水、垃圾处理、饮用水保护等问题的法规标准。三是完善生态农场、生态农产品的认证制度,并对农产品的生产、认证和销售等环节进行监管。

(2)完善农村生态环境建设的激励和约束机制。农村和农民是乡村生态环境建设的参与者和执行者,我国农业绿色发展的体制机制建设相对完善,但是缺乏对农村生态环境保护的直接激励与约束,因此可借鉴欧盟农村绿色发展体系,建立农村环境监管与考核评价机制,开展农村人居环境质量评估与考核机制。发挥财政的引导和激励作用,对生态宜居乡村进行奖励或者补贴,对有效处理生活污水、生活垃圾的乡村给予补贴和奖励。建立农业绿色补贴政策和机制,借鉴欧盟农业绿色直接支付等经验,增加生物多样性和生态专属补贴,将农户补贴与农业绿色生产直接挂钩,加强农民的生态环境保护意识。

(3)建立多元化投资模式,提高农村环境治理的技术水平。一是创新农村环境基础设施建设投资运营模式,培育多元化的投资主体,推行地方政府和社会资本合作的整治方式,鼓励社会资本参与到农村生态环境建设上来。二是推广环境绩效考核,将企业环境治理成效与税收优惠政策挂钩,与企业服务费用关联起来。实施财税优惠政策,鼓励社会资本和金融资本参与到农村环境整治市场中。三是创新农村环境整治和农业发展的绿色投融资机制,拓宽农村环境保护投融资渠道,充分发挥政策性银行和农村信用社的作用,对农村环境投融资给予一定的贷款优惠和政策支持。四是发展绿色农业,推广农业科技,以技术为引导,构建符合国情的现代农业科技创新体系,推动农业向现代绿色科技农业发展。充分利用新一代信息技术,从区域和空间层面建立农村生态环境数据库和信息共享平台。

(4)统筹建立多元主体环境治理体系。农村环境治理涉及地方政府、企业、民间组织、村民等不同主体的利益博弈,乡村生态环境建设不能仅依靠政府的作用,还需要各种社会力量的共同参与,应着手构建政府、企业、村民、社会组织等多元主体共同参与的环境治理体系,培育并创造多主体共同参与环境治理的条件,从治理方式、治理过程、治理结构等方面充分发挥不同主体的优势,支持社会组织举办农村生态文明活动,确保农民共同参与、共同建设、共同获益。村民既是乡村振兴战略的主体,也是环境保护的主体,需提高村民参与环境整治的积极性和自主性。一方面,加大宣传教育力度,引导村民提高"绿水青山就是金山银山"的环境保护意识,通过宣传教育和典型示范,形成尊重自然、保护自然、与自然和谐相处的生产生活方式;另一方面,发挥村民的主人翁意识,建立乡规民约,明确村民环境保护的责任,引导和鼓励村民参与到农村环境整治规划、设施建设、运营和管理过程中,鼓励村民参与农村生态环境相关法规和培训等活动,提升村民参与生态环境建设的积极性。

第八章　京津冀环境协同治理成效与挑战

第一节 京津冀环境协同治理成效

一、环境协同治理的政策法规体系日趋完善

为推动区域大气污染协同防治,打破属地管理的大气污染防治模式,国家和地方通过顶层设计、方案引领、法律规范等不断完善京津冀区域大气污染协同防治的宏观政策体系(表8-1)。在国家层面上,2010年,原国家环境保护部等九部委联合颁发《关于推进大气污染联防联控工作改善区域空气质量的指导意见》,提出了"联防联控"的概念思想。2013年,国务院发布《大气污染防治行动计划》,提出了"建立京津冀、长三角区域大气污染防治协作机制",进一步明确了京津冀大气污染协同治理的法律地位。2014年修订的《中华人民共和国环境保护法》提出要实现重点区域污染治理的"统一规划,统一标准,统一监测,统一防治"。2015年新修订的《中华人民共和国大气污染防治法》正式提出"建立重点区域大气污染联防联控机制"。自2016年起,中央和地方政府开始联合颁布区域大气污染防治工作行动方案,如2017—2019年,生态环境部、发展改革委、工信部等十多个部门和北京、天津、河北、山东、山西、河南六省市政府联合印发《京津冀及周边地秋冬季大气污染综合治理攻坚行动方案》,国家层面的法律规范明确了区域环境污染协同治理的原则、目标,为京津冀大气污染协同治理提供了法律支撑和目标指引。在地方层面上,京津冀三地积极沟通协调,在能源协同和环保标准统一方面达成一致,如2017年京津冀三地发改委联合发布了《建筑类涂料与胶粘剂挥发性有机化合物含量限值标准》,这是京津冀地区首个统一的环境标准,同年,京津冀三地印发了《京津冀能源协同发展行动计划(2017—2020年)》,共同提升区域能源绿色发展、区域能源协同治理水平。从颁发的政策文本数量来看,2013 年之后京津冀地区大气污染防治相关政策文本逐渐增多,总体来看,2009—2013 年,京津冀三地大气污染相关政策数量趋于平稳(图 8-1),2013 年国务院发布《关于印发大气污染防治行动计划的通知》调动了京津冀三地完善大气污染治理政策的积极性,2014—2017 年京津冀三地开始重视大气污染防治,其中仅 2014 年三地大气污染防治相关政策本文达 13 件。

表 8-1　京津冀大气污染协同治理相关政策文件

年份	文件	大气污染协同治理	部门
2010	《关于推进大气污染联防联控工作改善区域空气质量的指导意见》	提出"联防联控"概念思路	原环保部、发展改革委、工信部等九部门
2012	《重点区域大气污染防治"十二五"规划》	提出大气污染重点区域联防联控的"一个系列"和"五项机制"	原环保部、发展改革委、财政部
2013	《大气污染防治行动计划》	提出建立"京津冀、长三角区域大气污染防治协作机制"	国务院
2013	《京津冀及周边地区落实大气污染防治行动计划实施细则》	建立健全区域协作机制	原环保部、发展改革委、工信部等六部门
2014	《中华人民共和国环境保护法》(2014 修订)	正式提出重点区域联合防治协调机制	全国人民代表大会常务委员会
2014	《大气污染防治行动计划实施情况考核办法(试行)实施细则》	大气污染防治考核办法	原环保部、发展改革委、工信息部等六部门

续表

年份	文件	大气污染协同治理	部门
2015	《中华人民共和国大气污染防治法》（2015修订）	提出"建立重点区域大气污染联防联控机制"	全国人民代表大会常务委员会
2016	《京津冀大气污染防治强化措施（2016—2017年)》	京津冀三地大气污染防治措施	原环保部、京津冀三地政府联合颁布
2017	《京津冀及周边地区2017年大气污染防治工作方案》	明确了区域大气污染治理任务，加强联防联控	原环保部等四部门和北京、天津、河北等六省市
2017	《建筑类涂料与胶粘剂挥发性有机化合物含量限值标准》	统一建筑类涂料与胶粘剂挥发性有机化合物标准	京津冀三地工商、质监、住建等部门联合制定
2017	《京津冀能源协同发展行动计划（2017—2020年)》	共同提升京津冀能源治理和管理水平	京津冀三地发改委联合印发
2018	《京津冀及周边地区2018—2019年秋冬季大气污染综合治理攻坚行动方案》	加强重污染天气应急联动，加大联合执法	生态环境部等十二部门和北京、天津、河北等六省市
2019	《京津冀及周边地区2019—2020年秋冬季大气污染综合治理攻坚行动方案》	深化区域应急联动，加强联合执法	生态环境部等十部门和北京、天津、河北等六省市

二、生态环境协同治理的结构架构不断优化

以大气污染协同治理的实践层面审视，京津冀三地大气污染协同治理主要

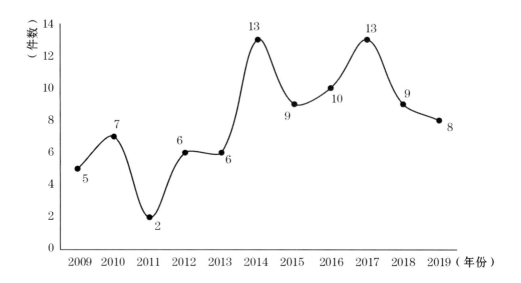

图 8-1　京津冀大气污染治理相关政策文本数量

通过政府间的横向协同来实现,2013 年,原环境保护部、国家发展改革委员会等部委联合北京、天津、河北等省市建立了由"七省区八部委"联合组成的"京津冀及周边地区大气污染防治协作小组"(以下简称"协作小组"),为京津冀三地共同治理大气污染提供了组织平台。协作小组负责京津冀地区大气污染协同治理的组织工作,主要通过小组会议、专题会议等联席会议以及签署合作框架协议等方式确定区域大气污染协同治理的政策方案、主要任务和工作重点。2018 年 7 月,协作小组调整为"京津冀及周边地区大气污染防治领导小组"(简称"领导小组"),下设办公室,由设在北京市环境保护局改为设在生态环境部。相对于协作小组,领导小组从大气污染防治的协调机构升级为具有一定决策权力的领导机构,强化了区域大气污染协同治理的顶层设计,领导小组可以更有效地统筹、协调、监督、决策大气污染防治工作,更加强化和稳固了京津冀大气污染协同治理的工作机制,对解决京津冀区域大气污染问题具有重要作用。

三、环境污染协同治理的运行机制逐步健全

京津冀三地积极推进机制协同合作,建立了一系列的合作机制,有效推动了区域大气污染协同治理工作进程。一是建立空气质量信息共享机制。京津冀三地建立了区域空气质量监测信息平台,统一了京津冀环境监测方法,共同建立了三地大气污染监测网,实现了三地大气监测数据和污染信息的共享,为三地污染协同治理提供了数据支撑。二是建立重污染预警分级标准和应急响应机制。京津冀在全国范围内率先建立了区域大气重污染监测预警体系,开展区域重污染天气联合会商,并实行重污染天气预警分级标准,在遭遇重污染天气时同步开展预警和应急响应机制。三是建立环境污染联动执法机制。2015年北京、天津、河北等六省市联合建立了京津冀及周边地区机动车排放控制工作协作小组,开展了跨区域机动车超标排放联动执法,有效落实了京津冀机动车污染排放控制协同合作。四是建立结对合作工作机制。北京、天津通过"结对子"方式与河北不同城市签订合作协议,为其提供大气污染治理的资金和技术支持,例如,北京为河北的廊坊和保定的大气污染治理提供了约10亿元的资金支持,天津为沧州和唐山两个城市的燃煤设施和散煤治理提供资金支持与技术援助。

第二节 京津冀生态环境治理挑战

一、环境污染协同治理法律规范有待完善

一是国家层面的立法缺乏对区域协同治理的具体规定和可操作的指南,如不同地方层级、部门以及不同主体如何形成协同治理的合力问题上,法律上还有进一步操作和执行的空间。从具体法律和条款来看,区域协同治理相关规定多属于原则性的规定,对于协同的机构安排、资金安排、人员配置和权限责任等核心问题未做具体要求。在协同操作层面,京津冀三地相关立法缺乏充分的沟通和协调。二是协同治理机构的立法权和法律效力不明确。京津冀三地为推动区

域污染协同治理,签订了一系列框架协议和政策方案,这些框架协议多为契约性质约束,不具备协同治理的法律效应。三是京津冀区域环境标准体系存在差异。标准统一是京津冀污染协同治理的重要前提,由于资源禀赋、经济基础、区位优势各异,不同地区在环保执法标准、污染物排放标准、排污收费标准等方面存在一定的差异。比如,在环境标准体系构建上,北京已经形成了比较全面和系统的环境污染排放标准体系,大气和水污染物排放标准在全国居于前列,部分标准达到国际先进水平,天津和河北在地方污染物排放标准立法上还有提升的空间。在污染排放标准值规定上,京津冀三地存在较大差异,三地在污染物排放总量、种类、浓度以及排污收费标准方面也各不相同,从而制约了京津冀大气协同治理。

二、区域污染协同治理结构框架有待健全

从组织结构来看,京津冀地区已经初步建立了区域污染联防联控机制。比如大气污染协同治理方面,主要由"京津冀及周边地区大气污染防治领导小组"开展协同治理工作,相对于协作小组,领导小组从大气污染防治的协调机构升级为具有一定决策权力的领导机构,可以更有效地开展大气污染防治工作。但领导小组仍存在机构规范等方面的不足,一方面,领导小组不是一个正式建制的实体机构,也不具备立法权,主要通过会议和相关政策从宏观层面确定、指导和监督京津冀三地大气污染治理协同的重点以及大气环境质量保障方案的落实,对于如何协同工作、如何落实,缺乏可操作性的具体工作安排,也缺乏组织机构有效运行的制度保障;另一方面,京津冀三地污染协同合作的程序设计和责任机制尚未完全建立,对于协同的资金、协同机制的人员构成等缺少详细规定。由于缺乏正式规范的协同结构,京津冀大气污染协同治理仍任重道远。

三、生态环境治理的利益协同机制尚未理顺

京津冀污染协同治理已经建立了一系列的协同机制,包括信息共享机制、监测预警联合执法机制等,但尚未重视和解决的问题还包括利益协同机制,尤其是京津冀三地存在较大的发展不均衡性和利益差异,在污染协同治理过程中成本

和收益也存在较大的不平衡。一方面,北京和天津已经处于后工业化时期,河北仍然处于工业化中期阶段,面临较大的工业化发展压力。2018年河北第二产业产值占比44.5%,人均地区生产总值为4.8万元,与北京的14.8万元和天津12.3万元相差较大。同时,河北的钢铁、水泥等重工业重污染行业占比较高,相对于北京,河北在大气污染治理方面承担了更大的压力。另一方面,京津冀三地在污染治理成本和投入方面存在一定的差距。在污染治理成本上,根据《京津冀及周边地区2019—2020年秋冬季大气污染综合治理攻坚行动方案》,2019年河北要分别压减退出钢铁、焦炭、水泥产能1400万吨、300万吨、100万吨,完成1亿吨钢铁行业超低排放改造,大气污染治理成本较高。在大气污染治理投入上,河北2021年大气污染防治投入为263亿元,河北在大气污染防治上的负担较重。在京津冀三地经济发展诉求、污染治理成本与投入不平衡的情况下,如何建立有效的利益均衡和补偿机制,对于破解大气污染协同治理困境具有重要的作用。

四、多元主体参与环境治理的实效亟待提升

环境治理是一项系统的长期复杂的工程,关系到政府、企业、社会团体、个体公民等不同利益相关者,需要全社会多元主体的共同参与。我国环境治理主要采用自上而下的政府主导模式,比如,京津冀大气污染协同治理主要通过政府间的府际合作展开工作。公众和社会组织参与环境协同治理的广度和深度都不够,公众和环保社会组织主要行动限于环境污染信息公开、企业污染监管排放、环保教育宣传等方面,企业、社会团体和公众参与缺乏有效的组织方式和政策途径,使得社会难以真正参与到环境协同治理的过程中。

第九章　京津冀环境治理与绿色发展协同推进机制

一、创新城镇化发展模式,推进京津冀绿色协同发展

1. 推动交通、产业的绿色协同发展

第一,突破省市间的经济与行政障碍,实现城市群体制机制的协调合作,推动京津冀城市群各城市协同发展。第二,推动京津冀城市群内交通一体化发展,以交通为突破口,实现京津冀基础设施的互联互通,加强城市公共交通体系及城际快速轨道交通为核心的交通网络的建设及优化。第三,充分发挥北京、天津两个核心城市在政策引领、科技带动、产业调整等方面的驱动辐射作用。河北则积极利用土地、劳动力和资源等优势,承接北京和天津的产业转移功能,同时积极落实河北各城市产业结构的升级优化,建设以劳动力资源和基础产业资源供给为特色的产业服务与配套体系。天津和河北的碳排放主要来自第二产业中的工业,其中河北的钢铁产业、天津市的石油化工产业等,是该地区减排的重点。因此,京津冀的低碳发展应推动产业结构的升级,大力发展第三产业,河北和天津应进一步加大第三产业的比重,积极推动电子商务、绿色金融信贷、绿色能源等产业的发展,并对第二产业内部进行调整,向低耗能、低排放的方向发展。第四,促进低碳技术创新。低碳技术的创新和应用可推动京津冀碳减排工作,清洁能源技术、碳利用和"碳储存"等技术在京津冀经济发展中具有重要作用。

推动低碳技术的创新,可从三个方面着手:首先,加大低碳技术研发,通过政府投资和企业投资,利用北京的教育资源优势,天津和河北的制造业优势,搭建京津冀产学研平台,鼓励企业与高校、研究院等科研机构的联合,推动产学研合作,开展低碳技术的研发和应用。其次,完善京津冀低碳技术转让体系,鼓励引进先进的技术,通过区域合作,推动低碳技术转让市场的快速发展。最后,建立京津冀地区有产业链上下游的技术合作机制,通过产业链条的技术合作,推动京津冀产业链的低碳发展,减少研发同类技术的成本,提升区域低碳竞争力。

2. 创新城镇化发展模式,实行城镇化集约发展

以绿色发展理念破解城镇化转型发展难题,积极落实城镇化集约发展。城

镇化的发展不仅是城市数量和人口规模的变化,还关系到经济发展、社会发展以及生态环境发展等方面。推进城镇化绿色转型发展,应注重资源的集约利用,走低碳环保、可持续性的城镇化发展道路。第一,综合推进绿色转型的体制机制与管理创新,建立绿色发展政策体系,制定京津冀区域生态补偿制度,建立京津冀环境共建共享机制,探索京津冀环境绩效考核标准体系。第二,统筹规划城乡建设,结合京津冀协同发展规划和主体功能区划,科学制定京津冀地区中小城市和小城镇绿色发展规划,不断优化城市空间布局和形态,以城市为依托,以中小城镇绿色发展为基础,形成具有一定辐射功能,城镇间优势互补的绿色体系。第三,积极开展旧城改造,推广旧城节能节水技术的应用,科学合理引导旧城人口和产业的疏散,同时在新城区规划、建设和管理过程中,践行绿色发展理念,建设低碳环保的城市综合体,实现土地集约利用与生态环境保护的同行并进。第四,科学开展绿色基础设施建设,加强京津冀城市群之间的基础设施共享,推进不同城市基础设施一体化和网络化发展模式,建立集约生态环保设施包括给排水设施、城市绿化设施和绿色交通体系的建设。

3. 践行绿色发展理念,纳入经济社会建设各个方面

京津冀地区绿色转型过程中应将绿色发展理念纳入经济社会发展的各个方面。京津冀地区传统意义上的粗放型城镇化模式对生态环境造成了严重的破坏和污染,推进京津冀地区城镇化的绿色转型,应加强对生态系统的保护,加大环境污染的治理力度,将绿色发展理念融入城镇化建设的各个方面。第一,将绿色发展理念贯穿到城市规划、建设和管理、考核的全过程中,积极倡导绿色生产、低碳生活和绿色消费方式。第二,将生态环境保护平台的建设纳入绿色发展过程中,例如,搭建京津冀地区环境信息共享平台,落实三地间环境保护联防联控机制。第三,积极推动京津冀间的生态补偿机制,在建设过程中注重对不同地区的生态补偿,在城镇化发展中将"海绵城市"理念纳入建设过程中。

4. 按照可持续发展原则,推进京津冀地区协调发展

第一,绿色建设应在不突破城市环境容量,不超出城市环境承载力的情况下展开。京津冀地区水资源匮乏,土地资源有限,在城市建设过程中应注重水资源

的循环利用,最大化地集约利用土地资源,严格控制农村建设用地无序化增长。第二,京津冀地区应积极推动绿色产业的发展,发展资源节约型和环境友好型产业,对于现有的以第二产业发展为主的天津和河北,应发挥市场机制的作用,有效化解产能过剩,对产能过剩行业实施差别化政策,控制产能总量、削减低效产能、淘汰落后产能、控制新增产能,发挥市场作用机制,鼓励市场化的兼并重组,从而形成符合市场需求的供给结构。

5. 构建完善的绿色治理体系,解决生态环境困境

京津冀绿色建设是一项复杂的系统工程,城镇化的绿色转型需要转变传统的城市治理模式,构建适应我国绿色发展理念的新型城镇化治理模式。我国城镇化政策落实主要以自上而下的方式进行的,但是,传统的治理决策中对生态环境的考量相对缺乏,导致经济发展过程中忽略了生态环境的可持续性。京津冀绿色发展应注重协调不同功能区划的开发和管理,将生态环境问题纳入城镇化治理的综合决策中,按照主体功能区划的要求,制定不同的绿色发展战略和规划。此外,应重视城镇化发展的质量,提高生态环境、绿色发展等考核指标的分量,在发展过程中注重提高对生态环境的监督和管理。

二、锚定碳达峰碳中和目标,加强京津冀经济低碳转型发展

碳达峰碳中和是深刻把握新时代我国人与自然关系的新形势新矛盾新特征,从国家发展的宏观视角、长远战略出发,对统筹经济社会发展和生态文明建设提出的新承诺新要求。把碳达峰碳中和纳入生态文明建设整体布局,彰显了我国坚持绿色低碳发展的战略决心。碳达峰碳中和是反映和体现生态文明建设成效的试金石,是"绿色青山就是金山银山"理念融入经济社会发展的重要桥梁。我国生态文明建设仍然处于关键期、攻坚期、窗口期,结构性、根源性、趋势性压力尚未根本缓解,在全面贯彻落实生态文明建设的大格局、大战略、大逻辑中,依托碳达峰碳中和战略目标,将更好地推动生态文明建设不断迈上新台阶、实现新进步。深刻把握发展与减排、时序与节奏、瓶颈与突破等重大关系,积极稳妥推进"双碳"发展。

1. 稳步推进,妥善把握发展与减排的辩证统一

我国尚处于工业化和城市化中后期,能源需求和碳排放规模仍处于双上升阶段,能源消费结构仍以高碳石化能源为主,单位产值能耗约为世界平均水平的1.4倍,能耗能源结构优化和资源利用效率提升面临挑战。与此同时,从居民生活能源消费水平看,我国人均能源消费量约为美国的30%、德国和日本的60%,经济增长的能源需求与减排降碳压力将长期并存。我国承诺实现碳达峰到碳中和的30年时间远远短于欧美等发达国家40~70年时间,所付出的努力和成本也远大于这些国家。因此,实现碳达峰碳中和"不可能毕其功于一役",要坚持"全国统筹、节约优先、双轮驱动、内外畅通、防范风险"原则,统筹考虑能源安全、经济增长、社会民生、成本投入等诸多因素,处理好发展和减排、整体和局部、短期和中长期的关系,积极稳妥地推动实现"双碳"目标。

2. 先立后破,有序推动能源结构调整优化

立足我国能源资源禀赋,传统能源逐步退出必须建立在新能源安全可靠的替代基础上,这是对统筹有序、先立后破,做好碳达峰碳中和工作更为精准的要求和诠释,强调了煤炭在我国能源中的基础性地位,并将"抓好煤炭清洁高效利用"摆在了更加突出的位置。能源安全可靠是能源转型的先决条件。近年来,我国持续优化能源结构,煤炭消费占比由2005年的67%降到2020年的56.8%,光伏、风能装机容量、发电量均居世界首位,能源使用方式清洁低碳化进程加快。同时也要看到,我国仍然以石化能源为主,煤炭仍然是我国主要的终端能源消费来源,要在较短时间内大幅降低煤炭消费占比,还需要攻克许多难关。这就需要立足我国以煤为主的基本国情,把提高煤炭的清洁高效利用和新能源的发展统筹起来,推动煤炭和新能源优化组合,逐步实现煤炭由主体能源向保障能源、支撑能源转变,不能简单地强调"去煤化"和新能源的发展。

3. 科创引领,加快突破绿色低碳技术瓶颈

绿色低碳科技是推进碳达峰碳中和的关键变量,发挥好科技创新作为第一动力的作用,关键在于:一是强化应用基础研究,推动绿色低碳技术尽早实现重大突破。加强低碳零碳负碳技术的研发、示范和产业化应用。加强非碳能源替代技术、智能电网、储能等前沿关键技术和颠覆性技术的研发。发展碳汇和碳捕集利用与封存等负排放技术。二是加快先进适用技术应用与推广,推动绿色低碳技术应用场景的革命性变化。发展原料、燃料替代和工艺革新技术,推动钢铁、水泥、化工等高碳产业生产流程零碳再造。三是加速绿色低碳技术协同创新示范平台建设。瞄准关键技术和核心装备的攻关,组建技术联盟,培育一批节能降碳和新能源技术产品研发国家重点实验室、国家技术创新中心、重大科技创新平台。四是建立完善绿色低碳技术评估、交易体系和绿色低碳综合信息服务平台。构建完善的监测体系,科学评估企业减排成效、海洋和陆地生态系统固碳能力变化。

4. 守正创新,推动能耗"双控"向碳排放"双控"转变

中央经济工作会议首次提出:"创造条件尽早实现能耗'双控'向碳排放总量和强度'双控'转变""加快形成减污降碳的激励约束机制",这意味着未来考核的"指挥棒"将发生变化。碳达峰碳中和的核心在于降低二氧化碳排放,而不是单纯降低能耗。能耗"双控"重点关注能源消费总量和能源利用效率,传统石化能源时代,能源消费直接决定碳排放情况,通过能耗考核即可以控制碳排放。碳排放"双控"增加了能源品种和碳捕捉等问题,新增可再生能源和原料用能不纳入能源总量,从而为可再生能源发展和原料用能释放了空间。从能耗"双控"向碳排放"双控"转变,可有效激发地方和企业能源转型的动力,为能源消耗与碳排放逐渐脱钩提供了政策支撑,也有助于将现有的气候变化政策、能源结构调整、大气污染防治等方面的制度整合起来,加快形成减污降碳的激励约束机制,防止简单层层分解。

实现"双碳"发展是高质量推动社会主义现代化大都市建设的重要机遇。京津冀地区应切实增强责任感使命感紧迫感,立足"两个大局",心怀"国之大者",以攻坚克难的决心意志,坚决打好实现碳达峰碳中和这场硬仗。就天津而言,先后出台实施了我国首部"双碳"省级地方性法规《天津市碳达峰碳中和促进条例》,印发了《天津市"双碳"工作关键目标指标和重点任务措施清单(第一批)》,提出118项重点任务。天津中心城区与滨海新区之间736平方公里区域内绿色

生态屏障区以水体、绿地、农田为代表的蓝绿空间成为天津提高碳汇能力的"绿色银行",书写着绿色天津的"舍与得"。天津碳市场交易运用市场机制降低碳减排成本,为推动全国低碳发展提供借鉴。天津港全球首个零碳码头智慧绿色能源系统正式并网,滨海新区中新生态城智慧能源小镇树立智能低碳生活"新标杆",天津津南区打响了拆迁与生态修复、造林绿化、水生态环境治理等"十大战役",天津市工信局围绕汽车制造、生物医药、新能源等重点领域培育146家国家级和市级绿色工厂等。

实现碳达峰碳中和是一场硬仗,也是一场大考。一是调整产业结构,全面"减碳"。坚持制造业立市,强化串联补链强链,推动传统产业绿色低碳升级,大力发展战略性新兴产业、高技术产业,坚决遏制"两高"项目盲目发展,构建现代化工业绿色制造体系。二是优化能源结构,持续"降碳"。京津冀的能源结构以煤炭为主,加快推进能源结构调整,持续削减煤炭,充分挖掘可再生能源资源潜力,增加天然气供应和本地非石化能源使用,扩大天然气、水电、太阳能、风能等可再生能源的比重。减少第二产业对石化能源的依赖,积极提高能源利用效率,强化能源利用效率对经济发展的贡献,推动清洁能源的使用,鼓励使用节能产品,提高能源需求管理。以此推动京津冀地区绿色转型,实现城市发展与资源集约利用的协调统一。三是创新绿色科技,助推"低碳"。加快绿色低碳科技革命,鼓励科研院所和企业开展"双碳"应用基础研究和先进实用技术研发及推广应用,开展低碳零碳负碳关键核心技术攻关,加强可再生能源、碳捕集封存技术对传统产业绿色低碳转型的支撑。

三、绿色金融推动京津冀绿色低碳转型

绿色金融是指为改善生态环境、提高资源利用效率、应对气候变化而开展的经济活动,通过对节能环保、清洁能源、绿色交通、绿色建筑等领域的项目投融资、项目运营、风险管理等所提供的金融服务。与传统金融相比,绿色金融更关注生态环境问题,将对生态环境的保护、资源的有效利用程度作为投融资的重要考量。近年来我国开始重视绿色金融发展,2015年出台的《生态文明体制改革总

体方案》中首次提出要"建立绿色金融体系",2016年我国"十三五"规划中再次明确提出建立绿色金融体系,2016年中国人民银行等七部委联合印发《关于构建绿色金融体系的指导意见》,对构建我国绿色金融体系进行了部署。党的十九大报告将"发展绿色金融"作为推进绿色发展的路径之一。国家层面对绿色金融发展的政策支持,为京津冀绿色金融发展提供了良好的宏观政策基础。

1. 发达国家绿色金融为京津冀绿色金融建设提供借鉴

第一,建立绿色金融顶层制度设计,为绿色金融服务创造有效需求。首先,注重绿色金融顶层制度设计。美国联邦政府与地方政府注重对绿色金融制度的探索,在国家层面对绿色金融制度框架进行"自上而下"的顶层设计,在地方层面开展绿色金融发展"自下而上"的基层探索,通过联邦政府与州政府的上下联动,积极推进绿色金融发展新路径。日本在国家层面上通过环境省制定绿色金融发展战略计划和政策,在制度保障的基础上,日本政府运用财政手段与社会资本,推进绿色金融政策的落实,不断探索绿色金融体制机制创新。其次,建立完善的绿色金融法律体系。发达国家重视绿色金融法律体系的建设,如美国自20世纪70年代以来,出台了多部绿色产业发展和绿色金融相关法律法规,包括《超级基金法案》《美国能源独立与安全法》等相关法律,规定了政府、企业和金融机构在绿色金融中的责任和义务,建立了较为严格的绿色金融审批管理制度和法律体系。日本也重视企业投融资过程中的环境保护,出台了《商业银行法》《绿色金融条例》《环境报告书指导方针》等与绿色金融相关的法律规章,提出商业银行等金融机构对投融资项目的环境审查责任,并对践行环境保护行为的金融机构提供税收和财政优惠政策。同时,日本对具有潜在环境风险的项目,推行强制性绿色保险。最后,出台扶持绿色金融发展的政策措施。一些发达国家在国家层面上成立政策性投资银行,如德国、日本、英国等国家成立了绿色投资银行,与商业银行共享企业环境信息,推行环境评级贴息贷款业务,鼓励金融机构开展绿色金融服务,并采取激励政策,加强绿色金融的监管。英国制定了绿色金融激励政策,对清洁生产和绿色生态环保项目给予政府融资担保服务,为绿色投融资项目提供低息信贷资金,从而为国家保护生态环境、落实绿色产业发展提供有效的金融支持。欧盟对绿色金融产品的创新发展提供财税政策支持,确保绿色信贷和绿色证券等产品能够享受到财税优惠政策。

第二,创新绿色金融理念和产品,激发绿色金融发展新活力。在绿色金融理念和金融工具创新方面,发达国家的经验值得借鉴。一方面,金融机构主动开展金融创新,将绿色金融理念纳入工作环境中,如美国汇丰银行通过购买绿色电力、碳排放额度等举措,早在2005年就率先成为全球首家"碳中和"国际银行。此外,在绿色项目开展过程中,根据绿色项目的期限和成本的不同,美国采取不同的还款方式,并进行阶段性评估,为绿色项目提供补贴贷款、市场利率贷款、贷款担保等金融支持。另一方面,绿色金融工具和产品呈现出多元化发展,除绿色信贷外,绿色保险、绿色证券、绿色基金、碳金融等不同形式的金融产品也为绿色金融发展添加新活力。商业银行是当前绿色金融的实践主体,截至2017年,全球有37个国家或地区的90家金融机构采用了"赤道原则",该原则是国际通用的绿色信贷准则。欧盟的绿色保险发展较为成熟,如德国政府颁布相关法律文件,明确了需采纳强制责任保险的产业或产品目录,并建立专门的绿色保险机构,政府为其提供财政支持。

第三,充分发挥市场资源配置作用,以绿色产业拉动绿色金融。市场是实现绿色金融持续发展的有效手段,发达国家一方面重视绿色金融市场的建立与完善,不断发挥绿色金融在市场资源配置中的作用,如欧盟建立了碳金融市场,通过碳排放交易体系进行碳金融产品的交易与流转,碳金融交易市场为绿色金融的发展提供了良好的环境。另一方面,欧美等国家非常重视绿色产业的发展,将节能环保技术创新等视为国家核心竞争力之一,这些国家通过绿色金融相关政策支持绿色产业和节能环保技术的创新发展,鼓励企业不断进行技术和产品的转型升级,通过绿色产业的良性发展进而拉动绿色金融。

2. 京津冀绿色金融助推经济低碳发展对策建议

第一,积极完善绿色金融立法和政策支持体系。欧美等国家非常重视绿色金融法律法规体系的建设,通过完善的立法规定,明确并落实政府、金融机构和企业的环境责任与义务。我国在国家和地方层面均出台了一系列绿色金融规章文件,但当前以指导性意见为主,缺乏有针对性的、可操作的实施细则和管理办法,也缺乏完整的绿色金融制度框架设计和政策配套。同时,绿色金融的深入推进有赖于完善的政策支持体系,包括绿色金融监管机制、责任追究机制、财政补贴政策等。京津冀应针对当前绿色金融政策缺失等问题,加快制定绿色金融相关法律,出台绿色金融相关政策措施,建立绿色金融组织体系。构建基于绿色信贷、绿色债券、绿色基金、绿色保险、碳金融、绿色上市公司在内的绿色金融体系,提出相关的机制设计、管理要求。加大绿色金融理念的宣传和推广,引导企业、金融机构、公众提高绿色发展意识。

第二,持续推进绿色金融工具和服务的创新。当前我国出台了一系列推动绿色金融发展的政策措施,为绿色金融的有效开展提供了政策保障。但是,与发达国家相比,我国在绿色金融产品工具、服务创新等方面还有一定的差距。因此,应加大对绿色金融产品和服务的创新,借鉴发达国家绿色金融发展的实践,一是鼓励更多的商业银行采纳"赤道原则",开展金融产品创新,充分发挥绿色债券、绿色信贷、绿色租赁、绿色保险、绿色股权、碳金融等金融产品的作用,推广排污权抵押融资、国际碳保理融资、合同能源管理融资等创新性信贷产品,拓宽融资渠道,降低融资成本。二是发展多样化的绿色金融机构,扩大绿色金融市场的参与主体,如设立为绿色项目及企业提供服务的融资租赁公司、商业保理公司、信托公司、证券公司等非银行金融机构,逐步深度介入绿色金融业务。三是利用天津自贸区的金融优势和"一带一路"的发展契机,搭建京津冀绿色企业和项目融资对接平台,实现银企融资有效对接,为发行绿色债券企业提供金融服务。四是建立绿色金融评估认证标准体系。结合现有国家部委相关绿色项目评价标准,探索制定绿色项目评价标准,从已有项目中定期开展绿色项目遴选、认定和推荐工作。建立绿色金融项目库。构建包括绿色制造、绿色能源、绿色建筑、绿色交通、绿色消费等领域的绿色金融项目库,建立健全绿色金融统计制度,培育、扶持有发展前景的绿色项目,纳入绿色项目数据库。同时将绿色金融与大数据、云计算等信息技术结合起来,实现绿色金融与互联网的有效融合。

第三,加强绿色金融市场建设。借鉴发达国家绿色金融市场建设经验,建立完善的绿色金融市场,发挥绿色金融市场在投融资过程中、项目环境风险管理以及资源配置中的作用,打造高水平的绿色金融链。鼓励将商业性股权资本和社会资本纳入绿色金融体系中,充分发挥市场机制和政府的作用,加大金融对循环经济、"万企转型"和生态环保工作的支持力度。积极出台绿色金融具体的措施和细则,加大对绿色金融的引领。拓宽绿色金融产品和服务,建立绿色金融创新平台,培育和扶持绿色金融第三方认证机构。商业机构成立专门绿色金融部门,不断拓宽绿色金融的实施主体和业务,使得绿色金融向多元化、市场化方向转变。

第四,培育引进专业化绿色金融人才。绿色金融团体和人才的培育引进是绿色金融市场健康发展的内在动力。金融机构一方面应加强建立绿色金融管理体系,系统了解绿色金融业务的风险,在此基础上建立绿色业务评价体系和风险管理体系,另一方面应加强金融机构间的业务交流合作,开展绿色金融相关知识和技术的分享与学习,推广先进的理念和绿色金融经验。京津冀地区绿色金融相关专业人才资源短缺现象较为严重,因此绿色金融的建设发展更应重视相关人才的引进和培养,金融机构要注重对人员开展绿色金融管理和技术培训,及时更新金融、环保方面的专业知识,拓展并提升绿色金融方面的业务能力。

四、建立完善的生态环境协同治理政策支撑体系

在区域环境治理的立法方面,英国做得比较早。英国政府先后颁布了《国家空气质量战略(1997)》《英国空气质量法规(1997)》等政策法规,以政策和法律的形式对全国空气质量要求进行了清晰的界定,为地方政府的空气治理提供了明确方向和要求。同时,英国政府对地方政府空气治理建立核查制度,定期审核地方政府空气污染治理方面的成果,并对地方政府提供技术和资金、政策支持。地方政府根据中央政府的总体要求,结合地方实际,对环境进行科学治理。在中央和地方的合力下,英国空气污染治理成效显著。目前我国还没有专门应对区域环境治理的法律,跨界环境治理的政府间合作形式大多停留在合作协议和建立松散的协调机制的层面,这种合作形式缺乏刚性的约束,区域环境协同治理缺乏法律保障。完善的政策法律体系是大气污染协同治理有效开展的重要保障。首先,进一步完善京津冀污染协同治理的法规规范,对协同联动的具体操作层面给予补充完善。其次,开展京津冀环境协同立法工作。2015年,京津冀三地政府联合签署了《京津冀区域环境保护率先突破合作框架协议》,提出三地要共同编制《京津冀区域环境污染防治条例》,但目前京津冀还没有颁发针对大气污染协同治理的专项法规,推动京津冀大气污染污染防治条例的实施可以有效确定区域协同治理的方式、任务和责任以及制定环保执法,落实三地政府间的协调联动机制。最后,统筹区域生态环境治理标准的对接,逐步统一区域环境治理标准体系。鉴于京津冀三地在污染标准体系建设、企业减排能力和技术水平、企业准入标准等方面的差异较大,需要根据各地区的产业发展特征、环境治理水平等现实条件统筹规划,循序渐进降低三地环境治理差异,逐步制定区域统一的环境标准,尤其是河北省各地区大气污染相关标准,提高企业环境标准准入门槛,选定特定污染行业或者污染物排放,实现区域环境标准协同推进。

五、优化健全区域环境协同治理的组织结构

发达国家环境污染协同治理的成功经验表明,只有真正建立权威正式的协同治理组织机构,才能有效保障污染协同治理的效果。从组织结构上看,一是优化健全区域生态环境治理协同治理机制,建立长效的制度组织,确定区域环境协同治理的方式、任务和责任,落实政府间的协调联动机制。京津冀地区目前仍不具有正式建制的协调机构,因此应优化健全区域污染协同治理组织机构,建立长效的制度组织,对协同机构的组织定位、机构安排、职责设定、经费配置等进行整体设计,组织机构下设决策部门、执行部门、监督部门、管理部门、人事部门等部门,通过战略规划、控制标准、目标执行、监督管理等,对京津冀区域污染治理实行统一管理,设定协同治理的主要目标、评价标准、重要任务等,组织跨区域生态环境建设工程,协调不同地区生态环境利益,增强区域生态环境协同治理成效,最终实现《中华人民共和国环境保护法》提出的区域污染治理"统一规划、统一标准、统一监测、统一防治"目标。同时,创新和优化协同治理模式,建立陆海统筹的京津冀生态环境治理联动机制,加强京津冀三地生态环境联合立法、联合执法、联合检查,打造区域生态环境协同监管机制和信息共享机制,构建区域生态环境应急预警与响应体系,逐步实现生态环境监管责任一体化、信息公开与一体化。

六、健全区域环境治理的利益协同与补偿机制

有效的利益分担共享机制是京津冀生态环境治理取得长期成效的重要保障。在京津冀三地协同治理成本收益不平衡的情况下,构建互惠互利的利益协同机制尤为重要。建立健全区域生态环境利益协同机制,一是建立京津冀生态补偿和利益分担共享机制,完善生态补偿的制度设计,构建多维长效的区域生态补偿机制。充分考虑京津冀三地经济发展水平、资源环境禀赋、治理能力等因素,创新京津冀区域生态补偿模式,实施政策补偿、资金补偿、技术补偿、产业扶持等补偿方式,由"输血型补偿"转向"造血型补偿"。二是完善生态补偿的制度设计和区域均衡的财政转移支付制度。通过区域补偿专项资金等方式对受污染影响较大的地区进行利益补偿,将不同地区污染治理责任与成本相分离,逐渐形成区域污染治理的利益协同。三是拓宽生态发展资金渠道,成立京津冀生态环境治理专项基金,将不同地区生态环境治理的责任与成本相剥离,根据不同地区的经济发展、污染程度、减排任务、治理成本等因素对专项基金进行筹集和统一分配,并对超目标完成大气污染减排任务的城市给予奖励,实现京津冀生态环境治理的利益协同。积极推动绿色金融发展,充分利用绿色金融工具,通过绿色保险、排放权融资、绿色投融资担保和绿色基金等绿色服务和产品,支持区域环境治理项目,实现区域投融资的绿色化。

七、建立全过程多层次生态环境风险管控体系

加强区域生态环境风险常态化管理,是京津冀生态环境协同治理的重要组成,这就需要建立全过程、多层次生态环境风险防范体系。一是秉持系统治理、复合治理的逻辑,按照"全周期管理"的要求,建立健全区域"风险研判—风险预警—应急响应—效果反馈—优化调整"的全链条生态环境风险防控体系,从单一

的环境风险应急响应转向全过程风险防范与管控,从多头分散管理转向统一协调综合化管控。二是加强空间管控,积极开展京津冀区域和流域生态隐患和环境风险调查评估,划定不同风险等级和高风险地区,针对不同风险特征和等级实施生态环境风险管控。建立京津冀区域国土空间开发和保护格局,优化区域主体功能区的空间分布,根据区域、都市圈、城市、社区环境风险特征和环境治理能力,建立包括"区域—省—城市—镇街—社区"等不同空间和层级的生态环境联动协商模式和风险防控体系,进行分类分区分层级管控,从而实现区域环境风险全方位管控。

八、构建多元主体参与的网络治理体系

现代化的生态环境治理本质上需要多元主体的共建共治共享,这就需要充分发挥多元主体参与生态环境治理的作用,建立政府、市场、社会生态环境协同治理机制,逐渐从政府主导的"单中心"治理模式转向政府、企业、公众、社会组织等共同参与的"多中心"网络治理格局。一是发挥政府在生态环境协同中的宏观调控作用。降低京津冀生态环境领域市场准入门槛,鼓励引导各类投资主体参与区域生态环境治理建设工程,科学合理分配多元主体的责任、成本和收益,完善政府与企业之间的生态环境风险分担与责任机制。二是发挥市场在京津冀生态资源配置和市场交易中的重要作用。推动区域生态资源交易市场一体化建设,建立跨京津冀地区排污交易、碳排放权交易等不同形式区域排污权交易市场,健全生态资源权和环境污染权出让或转让机制,通过市场机制有效配置区域生态资源和污染物减排,降低生态环境治理成本,提高整体生态环境治理水平和成效。三是发挥企业和公众的生态环境治理责任。通过激励机制调动企业和社会公众等主体参与到生态环境治理与保护中,明确企业的违法成本和惩罚措施,通过正负双重激励,使企业参与生态环境治理。打造京津冀生态环境保护信息共享平台,推动地区间、政府部门与社会信息公开共享,确保企业和公众的知情权和参与权,增加社会公众参与生态环境保护的广度和深度。

九、加强农村生态环境协同治理

我国高度重视农村人居环境建设,从 2008 年开始实施农村环境综合整治,

农村人居环境建设取得显著成效,近 14 万个村庄完成整治,约 2 亿农村人口从中受益,重点解决了垃圾污水带来的环境问题。但也要看到,我国农村差异较大,人居环境发展不平衡,我国仍有 40% 的建制村没有垃圾收运处理设施,78% 的建制村未建设污水处理设施,农村环境问题仍然是经济社会发展的短板。推进农村生态环境治理,要着力把握好以下关键点。

第一,农村环境污染治理需要系统性思维。首先,完善农村生态环境治理立法体系。一是加快我国农村生态环境治理与风险防范法律法规体系建设,现有环境法律法规修订时,应纳入和提升农村生态环境风险相关条款,如修订《中华人民共和国水污染防治法》《中华人民共和国大气污染防治法》等法律规范时,增加农村水和大气环境污染风险相关规定。二是建立农村生态环境治理与风险防范相关标准及技术规范,包括农村土壤生态环境风险管控相关标准指南,制定农村生态环境风险评估相关技术规范。其次,从政策制定和实施来看,农村环境治理需要政府、企业、社会组织、村民、媒体的共同参与,运用系统性的思维寻求农村环境治理有效开展的条件、机制、要素、方式等。从立法角度来看,亟待对农村环境基础设施建设、环保财政资金投入结构、环境治理结构和模式等方面进行规定和要求。从管理层面来看,需构建一套系统的农村环境管理制度,让农村环境治理行为在制度的框架内运行。因地制宜,建立农村环境整治管理体系。立足乡村实际是农村人居环境整治的关键,根据各地区经济基础、自然地理、环境污染等特点,分区施策,分类指导。探索农村环境监测、管控和保护的管理体制机制,完善农村环境保护和污染防治的激励和约束机制。建立农村环境监管与考核评价机制,开展农村人居环境质量评估与考核机制。积极推进乡镇一级环保机构的建立与环保人才的培养,对农村环境污染与防治进行指导监督。

第二,统筹联动打造农村环境治理模式。统筹构建城乡环境管理制度。传统的城乡二元化发展结构下,我国农村环境保护的程度和效果远远低于城市。在我国城镇化水平不断提高的情况下,一方面,统筹城市与农村的协同发展,应建立协调的城乡环境管理制度,注重实现城乡环境治理的统筹规划、统筹建设和统筹管理,加强对农村环境保护的人员投入和资金投入,实现生态城市与美丽乡村的同步化建设。另一方面,统筹建立多元主体环境治理体系。农村环境治理涉及政府、污染企业、村民等不同主体的利益博弈。地方政府多"重发展,轻污染",对农村环境保护重视程度不够,对农村环境保护的投入也相对匮乏。污染企业以营利为目标,忽视生态环境保护。村民的生态环境保护意识淡薄,缺少环境的知情权和维护环境权益的能力。由此可见,不同主体的利益诉求导致了农村环境治理的困境。解决农村生态环境问题,着手构建政府、企业、村民、社会组织等多元主体共同参与的环境治理体系,培育并创造多主体共同参与环境治理的条件,从治理方式、治理过程、治理结构等方面充分发挥不同主体的优势。

第三,构建农村生态环境监测预警体系。要将农村生态环境治理与风险防范纳入常态化管理。风险评估和管理的一项重要工作是生态环境现状和污染数据的获取与实时跟踪,当前农村大气、水、土壤等污染物的监测数据和环境质量标准缺失,使得环境预警和评价工作无法开展。构建农村生态环境监控预警体系,一是开展重点地区生态环境调查,建立农村环境污染排放和资源环境承载能力监测预警机制,构建区域一体化的生态环境监测工作网络、生态环境信息网络和生态环境应急预警体系,实现监测预报与风险预警的常态化、规范化。二是提升农村环境监测能力和水平,注重技术引导,加快农村生态环境预警应急机构建设,构建农村环境应急处置体系,完善农村生态环境队伍建设和技术设备建设,提高农村生态环境问题应急能力。三是充分利用大数据和空间信息技术,从区域层面建立农村生态环境数据库和信息共享平台,通过生态环境智能识别,将生态环境问题与风险纳入常态化管理。四是建管并重,提升农村环境整治的技术水平。一方面,注重技术引导,提升农村垃圾处理和污水处理实施的技术性和实用性,推广低成本、易操作、好维护、高效率的环保基础设施。另一方面,农村垃圾治理和环境保护设施要坚持建管并重,培育一批专业的农村环保基础设施运营公司,对农村环保设施实行投资、建设、运营、管理一体化,对环保设施的建设、运行维护和群众满意度进行考核,避免环保设施建成后"晒太阳"情况出现。

第四,建立全过程、多层级生态环境治理与风险防范制度。一是建立"事前严防—事中严管—应急响应—事后处置"的全过程风险防范制度。对"产业政策—发展规划—农村项目"全决策过程进行生态环境评估和生态环境风险防范。二是建立多层级的生态环境管控体系。从不同空间和层级考量,建立风险防范制度,推进跨部门、跨区域、多层级的生态环境监管与应急协调联动机制建设。优化农村生产、生活和生态空间布局,建立基于生态保护红线、环境质量底线、资源利用上线和环境准入负面清单的农村生态环境风险管控机制,通过设立不同层级和领域的生态环境风险防范体系,针对农村生态环境风险,制定地区环境综合防治规划,分区指导、因地施策,实施差别化防控管理,有效保障农村生态环境安全。三是建立农村生态环境治理与风险评估体系。有效识别和评估生态环境是开展农村生态环境管理的基础。积极构建农村生态环境评估体系,将生态环境评估纳入农村发展决策中,在政府和相关部门农村发展规划和政策制定过程中开展生态环境评价,在决策阶段识别主要的生态环境问题,提出规避问题的对策建议。通过对农村累积性生态环境问题进行综合评估,识别生态环境问题优先管理区域、重点管理区域及主要类型。对农村土壤和饮用水源地等重点领域的生态环境问题进行综合评估,基于类别和空间分布,实施区域生态环境分类分区防范管控,划定生态环境问题防范管控单元,建立农村生态环境问题防范清单和开发利用负面清单。

第五,借助市场探索农村环境治理新思路。当前我国农村环境治理市场化发展滞后,治理成本、收费与收益机制不健全等问题普遍存在,农村环境治理设施建设投资运营模式较为单一,基本由地方政府推动。破解农村环境治理的难题,需着力建立农村环境治理市场主体。一是创新农村环境基础设施建设投资运营模式,培育多元化的投资主体,推行地方政府和社会资本合作的治理方式,鼓励社会资本参与到农村环境污染与治理基础设施建设上来。二是推广环境绩效考核,将企业环境治理成效与税收优惠政策挂钩,与企业服务费用关联起来。实施财税优惠政策,鼓励社会资本和金融资本参与到农村环境治理市场中。三是创新农村环境治理绿色投融资机制,拓宽农村环境保护投融资渠道,充分发挥政策性银行和农村信用社的作用,对农村环境投融资给予一定的贷款优惠和政策支持。四是提高村民参与环境整治的积极性。乡村地区群众既是乡村振兴战略的主体,也是环境保护的主体,需提高村民参与环境整治的积极性和自主性。一方面,村民的生态文明素养直接关系乡村振兴与环境保护的有效结合。应加大宣传教育力度,引导乡村群众提高"绿水青山就是金山银山"环境保护意识,通过宣传教育和典型示范,形成尊重自然、保护自然、与自然和谐相处的生产生活方式。另一方面,发挥村民的主人翁意识,建立乡规民约,明确村民环境保护的责任,引导和鼓励村民参与到农村环境整治规划、设施建设、运营和管理过程中。

参考文献

[1] Andersen, P. P, Lorch, R. P. Food Security and Sustainable Use of Natural Resources: A 2020 Vision[J]. Ecol. Econ. 1998, 26(1):1-10. Https://Doi. Org/10.1016/S0921-8009(97)00067-0.

[2] Bartel, A. Analysis of Landscape Pattern: Towards A Top Down Indicator for Evaluation of Landuse[J]. Ecol. Model. 2000, 130(1-3):87-94.

[3] Bonheur, N., Lane, B. D. Natural Resources Management for Human Security in Cambodia's Tonle Sap Biosphere Reserve. Environ. Sci. Policy. 2002, 5(1):33-41.

[4] Brown M T, Ulgiati S. Energy Based Indices and Rations to Evaluate Sustainability: Monitoring Economies and Technology toward Environmentally Sound Innovation[J]. Ecological Engineering, 1997, 1(9):51-69.

[5] Buchanan, R. L., Gorris, L. G. M., Hayman, M. M., Jackson, T. C., Whiting, R. C. A Review of Listeria Monocytogenes: An Update on Outbreaks, Virulence, Dose-Response, Ecology, and Risk Assessments[J]. Food Control. 2017(75):1-13.

[6] Buehn Andreas, Farzanegan Mohammad Reza. Hold Your Breath: A New Index of Air Pollution[J]. Energy Economics, 2013(37):104-113.

[7] Cao G, Yang L, Liu L, et al. Environmental Incidents in China: Lessons from 2006 to 2015[J]. Science of the Total Environment, 2018(633):1165-1172.

[8] Caox, Luy, Zhang Y. An Overview of Hexabromocyclododecane(Hbcds) In Environmental Media with Focus on Their Potential Risk and Management in China[J]. Environmental Pollution, 2018, 236:283-295.

[9] Catherine, Q., Susanna, W., Isidora, E. S, et al. A Review of Current Knowledge on Toxic Benthic Freshwater Cyanobacteria-Ecology, Toxin Production and Risk Management[J]. Water Res. 2013, 47(15):5464-5479.

[10] Deplazes P, Hegglin D, Gloor S, et al. Wilderness in the City: The Urbanization of Echinococcus Multilocularis[J]. Trends in Parasitology, 2004, 20(2):77-84.

[11] Duffy, S. B., Corson, M. S., Grant, W. E. Simulating Land-Use Decisions in the La Amistad Biosphere Reserve Buffer Zone in Costa Rica and Panama[J]. Ecol. Model. 2001, 140(1-2):9-29.

[12] Feng, Y. G., Yang, Q. Q., Tong, X. H., Chen, L. J. Evaluating Land Ecological Security and Examining it's Relationships with Driving Factors Using GIS and Generalized Additive Model[J]. Sci. Total Environ. 2018(633):1469-1479.

[13] Ferran S. Double Dividend Effectiveness of Energy Tax Policies and the Elasticity of Substitution: A CGE Appraisal[J]. Energy Policy, 2010, 38(6):2927-2933.

[14] Giwa, A., Dindi, A. An Investigation of the Feasibility of Proposed Solutions for Water Sustainability and Security in Water-Stressed Environment[J]. J. Clean. Prod. 2017(165):721-733. Https://Doi. Org/10. 1016/J. Jclepro. 2017. 07. 120.

[15] Grant A, Patrizio L, Peter M, et al. The Economic and Environmental Impact of a Carbon Tax for Scotland: A Computable General Equilibrium Analysis[J]. Ecological Economics, 2014(100):40-50.

[16] Grossman G M, Krueger A B. Economic Growth and the Environment[J]. The Quarterly Journal of Economics, 1995, 110(2):353-377.

[17] Grossman, G., Krueger, A. B. Environmental Impacts of a North American Free Trade Agreement[R]. National Bureau Economic Research Working Paper, Cam-

bridge MA,1991.

[18] Grung,M.,Lin,Y.,Zhang,H.,Steen,A. O.,Huang,J.,Zhang,G.,Larssen,T. Pesticide Levels and Environmental Risk in Aquatic Environments in China-A Review[J]. Environ. 2015(81):87 – 97.

[19] He,C,Huang,Z. And Ye,X. Spatial Heterogeneity of Economic Development and Industrial Pollution in Urban China[J]. Stochastic Environmental Research and Risk Assessment. 2013(10):1 – 15.

[20] Hilton F G H,Levinson A. Factoring The Environmental Kuznets Curve:Evidence from Automotive Lead Emissions. Journal of Environmental Economics and Management,1998,35(2):126 – 141.

[21] Hodson,M.,Marvin,S. Urban Ecological Security:A New Urban Paradigm [J]. Int. J. Urban Regional Res,2009. 33(1):193 – 215.

[22] Huang,H. Chen,B.,Ma,Z. Y.,Liu,Z. H.,Et Al. Assessing The Ecological Security of the Estuary in View of the Ecological Services-A Case Study of the Xiamen Estuary. Ocean Coast. Manage,2017(137):12 – 23.

[23] Huang,Q.,Wang,R. H.,Ren,Z. Y.,et al. Regional Ecological Security Assessment Based on Long Periods of Ecological Footprint Analysis[J]. Resour. Conserv. Recy,2007,(51):24 – 41.

[24] Jaeger W. A Theoretical Basis for the Environmental Inverted U Curve and Implications for International Trade[J]. Williams College,1998(3):57 – 78.

[25] Jono,W.,Hassan,R. Balancing the Use of Wetlands for Economic Well-Being and Ecological Security:The Case of the Limpopo Wetland in Southern Africa[J]. Ecol. Econ. 2010,69(7):1569 – 1579. Https://Doi. Org/10. 1016/J. Ecolecon. 2010. 02. 21.

[26] Kang,M. Y.,Liu,S.,Huang,X.,et al. Evaluation of an Ecological Security Model in Zhalute Banner,Inner Mongolia[J]. Mt. Res. Dev. 2005,25(1):60 – 67.

[27] Kharrazi,A.,Kraines,S.,Hoang,L. Advancing Quantification Methods of

Sustainability: A Critical Examination Emergy, Exergy, Ecological Footprint, And Ecological Information-Based Approaches[J]. Ecol. Indic,2014,37(A):81-89.

[28] Kislov, E. V. , Imetkhenov, A. B. , Sandakova, D. M. The Yermakovskoye Fluorite-Beryllium Deposit: Avenues for Improving Ecological Security of Revitalization of the Mining Operations[J]. Geogr. Nat. Resour,2010,31(4):324-329.

[29] Kullenberg, G. Regional Co-Development and Security: A Comprehensive Approach. Ocean Coast[J]. Manage. 2002,45(11-12):761-776. Https://Doi. Org/10. 1016/S0964-5691(02)00105-9.

[30] Li,J. X. ,Chen,Y. N. ,Xu,C. C. Evaluation and Analysis of Ecological Security in Arid Areas of Central Asia Based on the Energy Ecological Footprint(EEF) Model[J]. J. Clean. Prod. 2019(235):664-677. Https://Doi. Org/10. 1016/J. Jclepro. 2019. 07. 005.

[31] Li,X. B. , Tian,M. R. , Wang,H. , Yu,J. J. Development of an Ecological Security Evaluation Method Based on the Ecological Footprint and Application to a Typical Steppe Region in China[J]. Ecol. Indic. 2014(39):153-159.

[32] Li,Z. T. , Yuan,M. J. , Hu,M. M. , Wang,Y. F. , Xia,B. C. Evaluation of Ecological Security and Influencing Factors Analysis Based on Robustness Analysis and the BP-DEMALTE Model: A Case Study of the Pearl River Delta Urban Agglomeration[J]. Ecol. Indic,2019(101):595-602.

[33] Liu R Z,Borthwick A G L,Lan D D,et al. Environmental Risk Mapping of Accidental Pollution and its Zonal Prevention in A City[J]. Process Safety and Environmental Protection,2013,91(5):397-404.

[34] Liu, D. , Chang, Q. Ecological Security Research Progress in China. Acta Ecologica Sinica. 2015,35(5):111-121. Https://Doi. Org/10. 1016/J. Chnaes. 2015. 07. 001.

[35] Llop M. Economic Structure and Pollution Intensity within the Environmental Input-Output Framework[J]. Energy Policy,2007,(35):3410-3417.

[36] Lu, F., Hu, H. F., Sun, W. J., et al. Effects of National Ecological Restoration Projects On Carbon Sequestration in China from 2001 To 2010[J]. P. Natl. Acad. Sci. USA. 2018, 115(16): 4039 – 4044. Https://Doi. Org/10. 1073/Pnas. 1700294115.

[37] Lu, S. S., Li., J. P., Guan, X. L., et al. The Evaluation of Forestry Ecological Security in China: Developing a Decision Support System[J]. Ecol. Indic. 2018(91): 664 – 678.

[38] Luo, W., Bai, H. T., Jing, Q. N., Liu, T., Xu, H. Urbanization-Induced Ecological Degradation in Midwestern China: An Analysis Based on an Improved Ecological Footprint Model[J]. Resour. Conserv. Recy. 2018(137): 113 – 125.

[39] Lv, G. B., Miu, T. J., Yao, Q. S., Deng, W. Spatiotemporal Variation and Land Ecological Security and Its Evaluation in Chongqing City Based On DPSIR-EES-TOPSIS Model[J]. Research of Soil and Water Conservation. 2019, 26(6): 249 – 258、266.

[40] Meng X, Zhang Y, Yu X, et al. Regional Environmental Risk Assessment for The Nanjing Chemical Industry Park: An Analysis Based on Information-Diffusion Theory[J]. Stochastic Environmental Research and Risk Assessment, 2014, 28(8): 2217 – 2233.

[41] Onkal-Engin, G., Demir, I., Hiz, H. Assessment of Urban Air Quality in Istanbul Using Fuzzy Synthetic Evaluation. Atmos[J]. Environ. 2004, 38(23): 3809 – 3815.

[42] Panayotou T. Demystifying the Environmental Kuznets Curve: Turning a Black Box into a Policy Tool. Environment and Development Economics, 1997, 2(4): 465 – 484.

[43] Quah Euston, Boon Tay Liam. The Economic Cost of Particulate Air Pollution on Health in Singapore[J]. Journal of Asian Economics, 2003, 14(1): 73 – 90.

[44] Ruan, W. Q., Li, Y. Q., Zhang, S. N., Liu, S. H. Evaluation and Drive

Mechanism of Tourism Ecological Security Based on the DPSIR-DEA Model[J]. Tourism Manage. 2019(75):609-625.

[45] Sawant A, Na K, Zhu X, et al. Chemical Characterization of outdoor $PM_{2.5}$ And Gas Phase Compounds in Mira Loma, California[J]. Atmospheric Environment, 2004, 38(33):5501-5716.

[46] Selden T M, Song D. Environmental Quality and Development: Is There a Kuznets Curve for Air Pollution Emissions[J]. Journal of Environmental Economics and Management, 1994, 27(2):147-162.

[47] Stern D I. Explaining Changes in Global Sulfur Emissions: An Econometric Decomposition Approach[J]. Ecological Economics, 2002, 42(1):201-220.

[48] Sun, J., Li, Y. P., GAO, P. P., Xia, B. C. A Mamdani Fuzzy Inference Approach for Assessing Ecological Security in the Pearl River Delta Urban Agglomeration, China[J]. Ecol. Indic, 2018, 94(1):386-396.

[49] Torras M, Boyce J K. Income, Inequality, and Pollution: A Reassessment of the Environmental Kuznets Curve[J]. Ecological Economics, 1998, 25(2):147-160.

[50] UNEP. Towards A Green Economy-Pathways to Sustainable Development and Poverty Eradication[M]. UNEP, 2011.

[51] Varis O, Fraboulet S. Water Resources Development in the Lower Senegal River Basin: Conflicting Interests, Environmental Concerns and Policy Options[J]. International Journal of Water Resources Development, 2002, 18(2):245-260.

[52] Walter A. Rosenbaum, Environmental Politics and Policy[M]. Washington, DC: Congressional Quarterly Inc, 2013.

[53] Wang H, Fan C H. Based on Environmental Regulation Policy Design and Cost-Benefit Analysis of $PM_{2.5}$: Taking Beijing for Example[J]. Economic Vision, 2013, 8:122-123.

[54] Wang, S. D., Zhang, X. Y., Wu, T. X., Yang, Y. Y. The Evolution of Landscape Ecological Security in Beijing under the Influence of Different Policies in Recent

Decades[J]. Sci. Total Environ,2019(646):49-57.

[55]Wang,Y. ,Wang,C. ,Song,L. Distribution of Antibiotic Resistance Genes and Bacteria from Six Atmospheric Environments:Exposure Risk to Human. Sci. Total Environ. 2019 (694): 133750. Https://Doi. Org/10. 1016/J. Scitotenv. 2019. 133750.

[56]Wu Y,Li L,Song Z,et al. Risk Assessment on Offshore Photovoltaic Power Generation Projects in China Based on A Fuzzy Analysis Framework[J]. Journal of Cleaner Production,2019,(215):46-62.

[57]Xu L,Liu G. The Study of a Method of Regional Environmental Risk Assessment[J]. Journal of Environmental Management,2009,90(11):3290-3296.

[58]Xun,F. F. ,Hu,Y. C. Evaluation of Ecological Sustainability Based on a Revised Three-Dimensional Ecological Footprint Model in Shandong Province,China [J]. Sci Total Environ. 2019(649):582-591.

[59]Yang,Q. ,Liu,G. Y. ,Hao,Y. ,Et Al. Quantitative Analysis of the Dynamic Changes of Ecological Security in The Provinces of China Through Energy Ecological Footprint Hybrid Indicators[J]. J. Clean. Prod,2018(184):678-695.

[60]Yao C,Jiang X,Che F,et al. Antimony Speciation and Potential Ecological Risk of Metal(Loid)S in Plain Wetlands in the Lower Yangtze River Valley,China [J]. Chemosphere,2019(218):1114-1121.

[61]Yu,D. ,Wang,D. Y. ,Li,W. B. ,Liu,S. H. ,et al. Decreased Landscape Ecological Security of Peri-Urban Cultivated Land Following Rapid Urbanization:An Impediment to Sustainable Agriculture[J]. Sustainability,2018,10(2):394-409.

[62]Zhao,Y. Z. ,Zou,X. Y. ,Cheng,H,et al. Assessing the Ecological Security of the Tibetan Plateau:Methodology and a Case Study for Lhaze County[J]. J. Environ. Manage. 2006,80(2):120-131.

[63]Zhou C,Ge S,Yu H,et al. Environmental Risk Assessment of Pyrometallurgical Residues Derived from Electroplating and Pickling Sludges[J]. Journal of Clean-

er Production,2018(177):699-707.

[64] 白雪洁,曾津.空气污染、环境规制与工业发展——来自二氧化硫排放的证据[J].软科学,2019,33(3):1-4、8.

[65] 包智明,陈占江.中国经验的环境之维:向度及其限度——对中国环境社会学研究的回顾与反思[J].社会学研究,2011,26(6):196-210.

[66] 毕军,马宗伟,刘苗苗,等.我国环境风险管理的现状与重点[J].环境保护,2017(5):14-19.

[67] 毕军,马宗伟,曲常胜.我国环境风险管理目标体系的思考[J].环境保护科学,2015(4):1-5.

[68] 边归国,齐文启.建设项目环境风险防范设施和应急措施调查的研究[J].环境与发展,2016,28(6):41-49.

[69] 边归国.建设项目环境影响评价中环境风险防范问题研究[J].中国环境管理,2015,7(2):61-67.

[70] 边归国.浅谈我国石化行业环境风险防范[J].能源与环境,2013(5):75-77.

[71] 蔡春光,郑晓瑛.北京市空气污染健康损失的支付意愿研究[J].经济科学,2007(1):107-115.

[72] 蔡春光.空气污染健康损失的条件价值评估与人力资本评估比较研究[J].环境与健康杂志,2009,26(11):960-961.

[73] 蔡岚,魏满霞.京津冀空气污染联动治理研究[J].探求,2018(5):59-66.

[74] 曹国志,贾倩,王鲲鹏,等.构建高效的环境风险防范体系[J].环境经济,2016(ZB):53-58.

[75] 常杪,杨亮,王世汶,等.日本环保产业发展的特点及启示[J].中国环保产业,2016(1):60-64.

[76] 陈阿江.剧变:中国环境60年[J].河海大学学报:哲学社会科学版,2012,14(4):34-42、94.

[77]陈桂生.大气污染治理的府际协同问题研究——以京津冀地区为例[J].中州学刊,2019(3):82-86.

[78]陈可心,方晰,马仁明.怀化市区空气污染物时间变化特征及其成因分析[J].中南林业科技大学学报,2012,(4):27-33.

[79]陈劭锋,刘扬.绿色发展的一种综合评估方法及应用[J].科技促进发展,2013(4):40-47.

[80]陈诗一,陈登科.雾霾污染、政府治理与经济高质量发展[J].经济研究,2018(2):20-34.

[81]陈向,周伟奇,韩立建,等.京津冀地区污染物排放与城市化过程的耦合关系[J].生态学报,2016,36(23):7814-7825.

[82]陈妍,杨天宇.北京经济增长与大气污染水平的计量分析[J].环境与可持续发展,2007(2):34-36.

[83]迟妍妍,许开鹏,王晶晶,等.新型城镇化时期京津冀地区生态环境分区管控框架[J].环境保护,2015,43(23):63-65.

[84]仇保兴.中国的新型城镇化之路[J].中国发展观察,2010(4):36-41.

[85]崔松虎,金福子.京津冀环境治理中的府际关系协同问题研究——基于2014-2019年的政策文本数据[J].甘肃社会科学,2020(2):207-213.

[86]大卫·皮尔斯等.绿色经济的蓝图.第4卷[M].北京:北京师范大学出版社,1997.

[87]邓保乐,王会芝,牛桂敏.生态文明视阈下城市经济社会发展评价体系设计研究[J].未来与发展,2015(6):37-40.

[88]邸惠,刘兴朋,张继权,等.饮马河流域水环境综合风险时空分布[J].环境科学研究,2018,31(3):496-506.

[89]丁镭,黄亚林,刘云浪,等.1995-2012年中国突发性环境污染事件时空演化特征及影响因素[J].地理科学进展,2015,34(6):749-760.

[90]董文平,马涛,刘强,等.流域水环境风险评估进展及其调控研究[J].环境工程,2015,33(12):111-115,94.

[91] 杜艳伟,程建光,王静,等.2013年青岛市PM$_{2.5}$时空分布及来源分析[J].城市环境与城市生态,2015,28(2):17-19.

[92] 段显明,郭家东.浙江省经济增长与环境污染的关系基于VAR模型的实证分析[J].重庆交通大学学报,2012,12(1):52-55.

[93] 方创琳,杨玉梅.城市化与生态环境交互耦合系统的基本定律[J].干旱区地理,2006,29(1):3-10.

[94] 房雪,等.环境治理与府际协同——以京津冀环境治理为例[J].中国集体经济,2020(28):78-80.

[95] 冯立光,张伟,张好智.关于中国城市低碳交通系统建设的思考[J].公路与汽运,2011(1):36-39.

[96] 高会旺,陈金玲,陈静.中国城市空气污染指数的区域分布特征[J].中国海洋大学学报,2014(10):25-34.

[97] 郭一鸣,蔺雪芹,边宇.中国城市群空气质量时空演化特征及其影响因素[J].生态经济,2019,35(11):167-175.

[98] 韩明霞,过孝民,张衍燊.城市大气污染的人力资本损失研究[J].中国环境科学.2006,26(4):509-512.

[99] 韩素芹,张裕芬,李英华,等.天津市春季气溶胶消光特征和辐射效应的数值模拟[J].中国环境科学,2011,31(1):8-12.

[100] 韩旭.中国环境污染与经济增长的实证研究[J].中国人口·资源与环境,2010,20(4):85-89.

[101] 韩兆柱,任亮.京津冀跨界河流污染治理府际合作模式研究——以整体性治理为视角[J].河北学刊,2020(4):155-161.

[102] 何雄浪,严红.产业结构调整与区域经济可持续协调发展[J].西南交通大学学报:社会科学版,2004(5):10-15.

[103] 贺丹,赵玉林.产业结构变动对生态效益影响的实证分析[J].武汉理工大学学报:社会科学版,2012(5):694-698.

[104] 洪大用.社会变迁与环境问题——当代中国环境问题的社会学阐释

[M].首都师范大学 出版社,2001.

[105]胡一凡.京津冀大气污染协同治理困境与消解——关系网络、行动策略、治理结构[J].大连理工大学,2020(2):48-56.

[106]黄德生,张世秋.京津冀地区控制$PM_{2.5}$污染的健康效益评估[J].中国环境科学,2013,11(1):166-174.

[107]黄菁,陈霜华.环境污染治理与经济增长:模型与中国的经验研究[J].南开经济研究 2011 (1):142-152、5-6.

[108]黄羿,杨蕾,王小兴,夏斌.城市绿色发展评价指标体系研究——以广州市为例[J].科技管理研究,2012,32(17):55-59.

[109]霍一,弓浩,桑岚.大气污染对农业影响的经济损失分析[J].广州化工,2011,39(10):154-156.

[110]贾康,王泽彩.中国应对气候变化PPP融资模式的初步设计[J].经济研究参考 2013,(54):34-35.

[111]贾倩,黄蕾,袁增伟,等.石化企业突发环境风险评价与分级方法研究[J].环境科学学报 2010,30(7):1510-1517.

[112]蒋清海.论区域经济协调发展[J].学术论坛,1992(5):35-38.

[113]蒋文燕,汤庆合,李怀正,等.化工企业环境风险综合评价模式及其应用[J].中国环境科学,2010,30(1):133-138、2、6.

[114]李斌,李拓.中国空气污染库兹涅茨曲线的实证研究——基于动态面板系统GMM与门限模型检验[J].经济问题,2014(4):17-22.

[115]李斌,苏珈漩.产业结构调整有利于绿色经济发展吗?——基于空间计量模型的实证研究[J].生态经济,2016(6):32-37.

[116]李春华,李宁,李建,等.洪水灾害间接经济损失评估研究进展[J].自然灾害学报,2012,21(2):19-27.

[117]李国英.环渤海区域水资源问题及其对策[J].水利发展研究,2011,11(8):21-23.

[118]李静,吕永龙,贺桂珍,等.我国突发性环境污染事故时空格局及影响

研究[J].环境科学,2008(9):2684-2688.

[119]李琳,楚紫穗.我国区域产业绿色发展指数评价及动态比较[J].经济问题探索,2015(11):68-75.

[120]李斯特.政治经济学的国民体系[M].邱伟立,译.北京:华夏出版社,2009.

[121]李苏,尹海涛.我国各省份绿色经济发展指数测度与时空特征分析——基于包容性绿色增长视角[J].生态经济,2020,36(9):44-53.

[122]李晓西,刘一萌,宋涛.人类绿色发展指数的测算[J].中国社会科学,2014(6):69-95.

[123]李欣,曹建华,孙星.空间视角下城市化对雾霾污染的影响分析——以长三角区域为例[J].环境经济研究,2017(2):81-92.

[124]李友平,刘慧芳,周洪,等.成都市$PM_{2.5}$中有毒重金属污染特征及健康风险评价[J].中国环境科学,2015,35(7):2225-2232.

[125]李云燕,殷晨曦.京津冀雾霾影响因素的三维分析与对策探讨[J].工程研究——跨学科视野中的工程,2016,8(6):614-625.

[126]李志霞.绿色发展评价及实证研究[D].山东师范大学,2013.

[127]李治国,周德田.基于VAR模型的经济增长与环境污染关系实证分析——以山东省为例[J].企业经济,2013,(8):11-16.

[128]李佐军.中国绿色转型发展报告[M].北京:中共中央党校出版社,2012.

[129]廖晓农,张小玲,王迎春,等.北京地区冬夏季持续性雾霾发生的环境气象条件对比分析[J].环境科学,2014(6):2031-2044.

[130]林伯强,蒋竺均.中国二氧化碳的环境库兹涅茨曲线预测及影响因素分析[J].管理世界,2009,(4):27-36、10-11.

[131]刘纪远,邓祥征,刘卫东,等.中国西部绿色发展概念框架[J].中国人口·资源与环境,2013,23(10):1-7.

[132]刘美平.中国低碳经济推进与产业结构升级之间的融合发展[J].当代

财经,2010(10):86-91.

[133]刘薇.关于循环经济发展模式的理论研究综述[J].中国国土资源经济,2009(5):24-26,47.

[134]刘文新,张平宇,马延吉.资源型城市产业结构演变的环境效应研究[J].干旱区资源与环境,2007,21(2):18-21.

[135]刘耀彬,李仁东,宋学锋.中国区域城市化与生态环境耦合的关联分析[J].地理学报,2005,60(2):237-247.

[136]刘再起,陈春.低碳经济与产业结构调整研究[J].国外社会科学,2010(3):21-27.

[137]卢少军,余晓龙.环境风险防范的法律界定和制度建构[J].理论学刊,2012(10):224-228.

[138]陆大道.区位论及区域研究方法[M].北京:经济科学出版社,1988.

[139]吕健.上海市经济增长与环境污染——基于VAR模型的实证分析[J].华东经济管理,2010,24(8):1-6.

[140]马丽梅,张晓.中国雾霾污染的空间效应及经济、能源结构影响[J].中国工业经济,2014(4):19-31.

[141]马世骏,王如松.社会—经济—自然复合生态系统[J].生态学报,1984,27(1):1-9.

[142]马树才,李国柱.中国经济增长与环境污染关系的Kuznets曲线[J].统计研究,2006(8):37-40

[143]马骅.云南省绿色经济发展评价指标体系研究[J].西南民族大学学报:人文社科版,2018,39(12):128-136.

[144]毛剑英.抓住源头管理,防范环境风险[J].环境保护,2010(24):57.

[145]毛如柏,冯之浚.论循环经济[M].北京:经济科学出版社,2003.

[146]孟庆国,魏娜,田红红.制度环境、资源禀赋与区域政府间协同——京津冀跨界大气污染区域协同的再审视[J].中国行政管理,2019(5):109-115.

[147]孟祥林.京津冀城市圈发展布局:差异化城市扩展进程的问题与对策

探索[J].城市开发研究,2009,16(3):6-15.

[148]苗杰,史晓妮.新常态下陕西经济绿色发展的对策建议[J].西部皮革,2016(10):82.

[149]穆泉,张世秋.2013年1月中国大面积雾霾事件直接社会经济损失评估[J].中国环境科学,2013,33(11):2087-2094.

[150]聂玉立,温湖炜.中国地级以上城市绿色经济效率实证研究[J].中国人口·资源与环境,2015,25(S1):409-413.

[151]牛桂敏.健全京津冀城市群协同绿色发展保障机制[J].经济与管理,2017,31(4):17-19.

[152]欧向军,顾晓波,李陈等.基于经济联系强度的徐州都市圈空间重组分形研究[J].青岛科技大学学报:社会科学版,2010,26(2):27-31

[153]潘家华.怎样发展中国的低碳经济[J].绿叶,2009(5):20-27.

[154]庞博,方创琳.智慧低碳城市发展的动力机制探究[J].干旱区地理,2016(3):621-629.

[155]庞闰枝.中国雾霾污染健康经济损失与治理路径研究[D].暨南大学,2018.

[156]裴辉儒,彭依文.外商投资企业PM0.5污染的空间计量分析——基于1999-2016年省际数据检验[J].陕西师范大学学报:哲学社会科学版,2018,47(6):58-66.

[157]彭水军,包群.中国经济增长与环境污染——基于广义脉冲响应函数法的实证研究[J].中国工业经济,2006,(5):15-22.

[158]彭文斌,田银华.湖南环境污染与经济增长的实证研究——基于VAR模型的脉冲响应分析[J].湘潭大学学报,2011,35(1):31-35.

[159]戚玉.区域环境风险:生成机制、社会效应及其治理[J].中国人口·资源与环境,2015(S2):284-287.

[160]祁洁.环境风险防范法律制度的构建[D].重庆大学,2009.

[161]钱龙.中国城市绿色经济效率测度及影响因素的空间计量研究[J].经

济问题探索,2018(8):160-170.

[162] 钱雪亚,汪维薇.浙江经济结构调整与环境保护的相关性及其边际效应分析[J].浙江统计,2004,(1):8-10.

[163] 钱争鸣,刘晓晨.资源环境约束下绿色经济效率的空间演化模式[J].吉林大学社会科学学报,2014,54(5):31-39、171-172.

[164] 乔旭宁,杨德刚,毛汉英,等.基于经济联系强度的乌鲁木齐都市圈空间结构研究[J].地理科学进展,2007,26(6):86-95.

[165] 秦萍,陈颖翱,徐晋涛,等.北京居民出行行为分析:时间价值和交通需求弹性估算[J].经济地理,2014(11):17-22.

[166] 青卫平,魏宁波.西安市大气和水污染对人群健康损害的经济价值损失研究[J].中国人口·资源与环境,2007,17(4):71-75.

[167] 任保平,宋文月.我国城市雾霾天气形成与治理的经济机制探讨[J].西北大学学报:哲学社会科学版,2014(2):77-84.

[168] 商迪,李华晶,姚珺.绿色经济、绿色增长和绿色发展:概念内涵与研究评析[J].外国经济与管理,2020,42(12):134-151.

[169] 邵帅,李欣,曹建华,等.中国雾霾污染治理的经济政策选择——基于空间溢出效应的视角[J].经济研究,2016(9):73-88.

[170] 邵帅,李欣,曹建华.中国的城市化推进与雾霾治理[J].经济研究,2019(2):148-165.

[171] 沈清基,顾贤荣.绿色城镇化发展若干重要问题思考[J].建设科学,2013(5):50-53.

[172] 宋祺佼,王宇飞,王晓.新型城镇化低碳发展的实践、问题及对策[J].当代经济管理,2015,37(8):47-52.

[173] 宋学锋,刘耀彬.基于SD的江苏省城市化与生态环境耦合发展情景分析[J].系统工程理论与实践,2006,26(3):124-130.

[174] 孙华臣,卢华.中东部地区雾霾天气的成因及对策[J].宏观经济原理,2013(6):48-50.

[175] 孙金岭,朱沛宇. 基于 SBM-Malmquist-Tobit 的"一带一路"重点省份绿色经济效率评价及影响因素分析[J]. 科技管理研究,2019,39(12):230-237.

[176] 田成川,柴麒敏. 日本建设低碳社会的经验及借鉴[J]. 宏观经济管理,2016(1):89-92.

[177] 田学斌,刘志远. 基于三元协同治理的跨区域生态治理新模式——以京津冀为例[J]. 燕山大学学报:哲学社会科学版,2020(3):88-95.

[178] 童玉芬,王莹莹. 中国城市人口与雾霾:相互作用机制路径分析[J]. 北京社会科学,2014(5):3-10.

[179] 汪陈,李增来. 安徽省绿色经济发展的时空演化分析[J]. 长春理工大学学报:社会科学版,2021,34(1):73-78.

[180] 王炳权,钱新. 流域累积性环境风险评价研究进展[J]. 环境保护科学,2013,39(2):88-92.

[181] 王超,王国庆,吴利丰,等. 基于灰色关联分析的邯郸市空气质量影响因素研究——以经济社会指标为视角[J]. 数学的实践与认识,2019,49(17):151-155.

[182] 王芳. 京津冀地区雾霾天气的原因分析及其治理[J]. 求知,2014(7):40-42.

[183] 王会芝. 基于大气污染治理视角的京津冀产业结构优化研究[J]. 城市,2015(11):57-60.

[184] 王会芝. 中国新型城镇化与生态环境的内在关系研究[J]. 石家庄经济学院学报,2016(4):43-48.

[185] 王金南,曹国志,曹东,等. 国家环境风险防控与管理体系框架构建[J]. 中国环境科学 2013,33(1):186-191.

[186] 王鲲鹏,曹国志,贾倩,等. 我国政府突发环境事件应急预案管理现状及问题[J]. 环境保护科学,2015,41(4):6-9.

[187] 王丽. 京津冀地区资源开发利用与环境保护研究[J]. 经济参考研究,2015(2):47-71.

[188]王丽霞,任志远.初探绿色GDP核算方法及实证分析——以山西省大同市为例[J].地理科学进展,2005,24(2):100-105.

[189]王洛忠,丁颖.京津冀雾霾合作治理困境及其解决途径[J].中共中央党校学报,2016,20(3):74-79.

[190]王诺,程蒙,臧春鑫,等.成本—效益分析方法在雾霾治理研究中的应用[J].中国人口·资源与环境,2015,25(11):85-88.

[191]王如松.生态安全·生态经济·生态城市[J].思想政治课教学,2008(2):95.

[192]王若师,张娴,许秋瑾,等.东江流域典型乡镇饮用水源地有机污染物健康风险评价[J].环境科学学报,2012,32(11):2874-2883、10-11.

[193]王韶华.绿色发展视阈下京津冀能源效率的差异性与协调性研究[J].中国科技论坛,2016(10):96-101.

[194]王少剑,方创琳,王洋.京津冀地区城市化与生态环境交互耦合关系定量测度.生态学报,2015,35(7):2244-2254.

[195]王舒曼,曲福田.江苏省大气资源价值损失核算研究[J].中国生态农业学报.2002(6):128-129.

[196]王旭光.雾霾治理与经济发展探究[J].经济视角(下旬刊),2013(8):24-25.

[197]王琰.多维度城市化对空气质量的影响:基于中国城市数据的实证检验[J].东南大学学报,2017,19(6):100-109.

[198]王艳,赵旭丽,许杨,等.山东省大气污染经济损失估算[J].城市环境与城市生态,2005,18(2):30-33.

[199]王毅钊,许乃中,奚蓉,张玉环.国家绿色发展示范区评价体系研究——以珠三角地区为例[J].环境科学与管理,2019,44(11):174-179.

[200]王自力,何小钢.中国雾霾集聚的空间动态及经济诱因[J].广东财经大学学报,2016,31(4):31-41.

[201]魏巍贤,马喜立.能源结构调整与雾霾治理的最优政策选择[J].中国

人口·资源与环境,2015(7):6-14.

[202]文捷.韩国新能源:低碳绿色的典范[J].中国品牌,2014(12):72-73.

[203]文魁,祝尔娟.京津冀发展报告(2014)——城市群空间优化与质量提升[M].北京:社会科学文献出版社,2014.

[204]吴开亚,王玲杰.巢湖流域大气污染的经济损失分析[J].长江流域资源与环境,2007,16(6):781-785.

[205]向明艳.韩国绿色发展战略研究[J].金融经济,2014(12):180-181.

[206]肖宏伟.新型城镇化发展对能源消费的影响研究——基于空间计量模型的实证检验与影响效应分解[J].当代经济管理,2014,36(8):12-18.

[207]谢元博,陈娟,李巍.雾霾重污染期间北京居民对高浓度$PM_{2.5}$持续暴露的健康风险及其损害价值评估[J].环境科学,2014,35(1):1-8.

[208]辛章平,张银太.低碳经济与低碳城市[J].城市发展研究,2008(4):98-102.

[209]徐德云.产业结构升级形态决定、测度的一个理论解释及验证[J].财政研究,2008(1):46-49.

[210]徐猛.我国环境污染损失研究[J].现代商贸,2010(8):34-35.

[211]徐文成,薛建宏.经济增长、环境治理与环境质量改善——基于动态面板数据模型的实证分析[J].华东经济管理,2015,29(2):35-40.

[212]薛俭.我国大气污染治理省际联防联控机制研究[D].上海大学,2013.

[213]薛珑.绿色经济发展测度体系的构建[J].统计与决策,2012(18):21-24.

[214]薛文博,付飞,王金南,等.中国$PM_{2.5}$跨区域传输特征数值模拟研究[J].中国环境科学,2016(6):1361-1368.

[215]闫新华,赵国浩.经济增长与环境污染的VAR模型分析——基于山西的实证研究[J].经济问题,2009,(6):59-62.

[216]羊德容,王洪新,兰岚,等.兰州市能源改造前后大气污染对人体健康

经济损失评估[J].环境工程,2013,31(1):112-116.

[217]杨芳,潘晨,贾文晓,等.长三角地区生态环境与城市化发展的区域分异性研究[J].长江流域资源与环境,2015,24(7):1094-1101.

[218]杨洁,毕军,张海燕,等.中国环境污染事故发生与经济发展的动态关系[J].中国环境科学,2010,30(4):571-576.

[219]杨开忠,自墨,李莹等.关于意愿调查价值评估法在我国环境领域应用的可行性探讨——以北京市居民支付意愿研究为例[J].地球科学进展.2002(6):420-425.

[220]杨小林,顾令爽,李义玲,等.基于动态综合评价的区域环境风险差异化管理[J].中国环境科学,2018,38(6):2382-2391.

[221]尹荣尧,杨潇,孙翔,等.江苏沿海化工区环境风险分级及优先管理策略研究[J].中国环境科学,2011,31(7):1225-1232、2、8.

[222]于峰,齐建国,田晓林.经济发展对环境质量影响的实证分析:基于1999-2004年间各省市的面板数据[J].中国工业经济,2006(8):36-44.

[223]袁男优.低碳经济的概念内涵[J].城市环境与城市生态,2010(2):43-46.

[224]原毅军.日本循环经济的发展及其对中国的启示[J].经济研究导刊,2014,235(17):282-284.

[225]臧传琴,吕杰.环境库兹涅茨曲线的区域差异——基于1995—2014年中国29个省份的面板数据[J].宏观经济研究,2016(4):62-69、114.

[226]张惠茹.绿色GDP与环境污染成本核算[J].大连民族学院学报.2007(6):64-66.

[227]张剑智,李淑媛,李玲玲,等.关于我国环境风险全过程管理的几点思考[J].环境保护,2018(15):41-43.

[228]张坤民.中国走低碳发展之路:必要性与可行性[M].北京:中国环境科学出版社,2009.

[229]张立群.加快解决城镇化问题释放增长潜力[J].中国投资,2015

(19):113-113

[230]张秀芝.哈尔滨市典型街谷空间形态对$PM_{2.5}$扩散影响的研究[D].哈尔滨工业大学,2017.

[231]张英奎,刘思飓,曾雅婷,等.雾霾污染、经营绩效与企业环境社会责任[J].中国环境管理,2019,11(4):46-51.

[232]张占斌.用五大理念引领新型城镇化建设[J].国家行政学院学报,2016(1):13-18

[233]赵晨曦,王云琦,王玉杰,等.北京地区冬春$PM_{2.5}$和PM10污染水平时空分布及其与气象条件的关系[J].环境科学,2014(2):418-427.

[234]赵艳博,李慧.突发环境事件应急管理制度的构建研究[J].能源与环境,2009,(5):2-4.

[235]郑林昌,付加锋,齐蒙.中国省域层面低碳环保发展指数评价及对比研究[J].生态经济,2015,31(8):47-52.

[236]钟茂初,张学刚.环境库兹涅茨曲线理论及研究的批评综论[J].中国人口·资源与环境,2010,20(2):62-67.

[237]周侃,樊杰.中国环境污染源的区域差异及其社会经济影响因素——基于339个地级行政单元截面数据的实证分析[J].地理学报,201671(11):1911-1925.

[238]周平,蒙吉军.区域生态风险管理研究进展[J].生态学报,2009,29(4):2097-2106.

[239]朱金鹤,叶雨辰.新常态背景下新疆绿色经济发展水平测度及空间格局分析[J].生态经济,2018(3):84-89.

[240]朱京安,杨梦莎.我国大气污染区域治理机制的构建——以京津冀地区为分析视角[J].社会科学战线,2016(5):215-223.

[241]朱冉,赵梦真,薛俊波.产业转移、经济增长和环境污染——来自环境库兹涅茨曲线的启示[J].生态经济,2018,34(7):68-73.

[242]诸大建.从可持续发展到循环经济[J].世界环境,2000(3):6-12.

［243］庄贵阳,朱守先.韩国的低碳绿色增长战略[J].中国党政干部论坛,2013(2):92-93.

［244］庄贵阳.中国经济低碳发展的途径与潜力分析[J].国际技术经济研究,2005(3):79-87.

附 录

表1 京津冀三次产业结构情况表

单位:%

年份	京津冀			北京			天津			河北		
	第一产业	第二产业	第三产业	第一产业	第二产业	第三产业	第一产业	第二产业	第三产业	第一产业	第二产业	第三产业
1991	12.7	49.6	37.7	7.6	48.5	43.9	8.5	57.4	34.1	22.1	42.9	35.0
1992	11.5	50.0	38.6	6.9	48.4	44.8	7.4	56.8	35.8	20.1	44.8	35.1
1993	10.1	51.4	38.5	6.0	46.8	47.2	6.6	57.2	36.2	17.8	50.2	32.0
1994	11.0	49.8	39.3	5.8	44.6	49.6	6.4	56.6	37.0	20.7	48.1	31.2
1995	11.2	48.1	40.8	4.8	42.1	53.1	6.5	55.7	37.8	22.2	46.4	31.4
1996	10.1	47.2	42.7	4.1	39.0	56.9	6.0	54.3	39.7	20.3	48.2	31.5
1997	9.5	46.3	44.2	3.6	36.6	59.8	5.5	53.5	41.0	19.3	48.9	31.8
1998	9.1	44.7	46.3	3.2	34.2	62.6	5.4	50.8	43.8	18.6	49.0	32.5
1999	8.5	43.9	47.7	2.8	32.6	64.6	4.7	50.6	44.7	17.9	48.5	33.7
2000	7.7	44.0	48.4	2.4	31.2	66.4	4.3	50.8	44.9	16.4	49.9	33.8
2001	7.6	42.7	49.7	2.1	29.2	68.7	4.1	50.0	45.9	16.6	48.9	34.6
2002	7.2	41.8	51.0	1.8	27.3	70.9	3.9	49.7	46.4	15.9	48.4	35.7
2003	6.8	43.0	50.2	1.6	27.7	70.8	3.5	51.9	44.6	15.4	49.4	35.3
2004	8.8	44.5	46.8	1.4	28.4	70.3	3.4	54.2	42.4	16.1	50.8	33.1
2005	7.6	45.1	47.4	1.2	26.7	72.1	2.9	54.6	42.5	13.9	52.8	33.3

续表

年份	京津冀			北京			天津			河北		
	第一产业	第二产业	第三产业	第一产业	第二产业	第三产业	第一产业	第二产业	第三产业	第一产业	第二产业	第三产业
2006	6.8	44.7	48.5	1.0	24.7	74.3	2.3	55.1	42.6	12.7	53.4	33.9
2007	6.9	43.8	49.2	1.0	23.1	75.9	2.1	55.1	42.8	13.2	53.0	33.8
2008	6.6	44.3	49.1	0.9	21.4	77.7	1.8	55.2	43.0	12.7	54.5	32.9
2009	6.6	42.7	50.7	0.9	21.2	77.9	1.7	53.0	45.3	12.7	52.1	35.1
2010	6.4	43.2	50.4	0.8	21.6	77.6	1.6	52.4	46.0	12.5	52.6	34.9
2011	5.9	43.9	50.2	0.8	20.7	78.5	1.4	52.4	46.2	11.4	53.9	34.7
2012	5.8	43.3	50.9	0.8	20.3	79.0	1.3	51.7	47.0	11.4	53.2	35.4
2013	5.5	42.5	52.0	0.8	19.7	79.5	1.3	50.6	48.1	11.1	52.6	36.3
2014	5.2	41.5	53.3	0.7	19.3	80.0	1.3	49.4	49.3	10.8	51.8	37.5
2015	4.9	38.7	56.5	0.6	17.8	81.6	1.0	47.1	51.9	10.4	49.1	40.5
2016	4.5	37.0	58.6	0.5	17.3	82.3	0.9	42.4	56.7	9.7	48.2	42.1
2017	4.6	36.7	58.7	0.4	16.9	82.7	0.9	40.9	58.2	9.2	46.6	44.2
2018	4.3	34.4	61.3	0.4	16.5	83.1	0.9	40.5	58.6	9.3	44.5	46.2
2019	4.5	28.7	66.8	0.3	16.2	83.5	1.3	35.2	63.5	9.9	38.8	51.3

表2 京津冀三地地区生产总值和人均地区生产总值情况表

年份	北京			天津			河北	
	生产总值(亿元)	人均GDP(元)		生产总值(亿元)	人均GDP(元)		生产总值(亿元)	人均GDP(元)
2001	3861.50	28097		1756.89	17446.77		5536.14	8251
2002	4525.70	32231		1926.87	19059.05		6039.42	8960
2003	5267.20	36583		2257.77	22048.54		6944.21	10251
2004	6252.50	42402		2621.1	25130.39		8530.48	12526
2005	7149.80	47182		3158.6	29382.33		10078.41	14711
2006	8387.00	53438		3538.18	31732.56		11550.39	16749
2007	10425.50	63629		4158.41	35360.63		13705.36	19742
2008	11813.10	68541		5182.43	42202.20		16127.82	23083
2009	12900.90	71059		5709.57	43953.58		17369.60	24701
2010	14964.00	78307		6830.76	50937.81		20549.05	28808
2011	17188.80	86365		8112.51	58871.63		24614.02	34008
2012	19024.70	93078		9043.02	64134.89		26641.42	36576
2013	21134.60	101023		9945.44	69597.20		28463.22	38833
2014	22926.00	107472		10640.62	73944.54		29421.34	39876
2015	24779.10	114662		10879.51	75395.08		29773.41	40093
2016	27041.20	124516		11477.2	81398.58		31752.95	42511
2017	29883.00	137596		12450.56	90025.74		34115.22	45387
2018	33106.00	153095		13362.92	96483.18		36101.30	47772
2019	35371.30	164220		14055.46	101337.13		35104.52	46348

表 3　京津冀及全国国内生产总值增速情况表

单位:%

年份	北京	天津	河北	京津冀	全国
2000	11.8	10.8	9.5	10.7	8.5
2001	11.7	12.0	8.7	10.8	8.3
2002	11.5	12.7	9.6	11.3	9.1
2003	11.0	14.8	11.6	12.5	10.0
2004	14.1	15.8	12.9	14.3	10.1
2005	11.8	14.7	13.4	13.3	11.4
2006	12.8	14.4	13.4	13.5	12.7
2007	13.3	15.5	12.8	13.9	14.2
2008	9.0	16.5	10.1	11.9	9.7
2009	10.1	16.5	10.0	12.2	9.4
2010	10.2	17.4	12.2	13.3	10.6
2011	8.10	16.4	11.3	11.9	9.6
2012	7.70	13.8	9.6	10.4	7.9
2013	7.70	12.5	8.2	9.5	7.8
2014	7.3	10.0	6.5	7.9	7.4
2015	6.9	9.3	6.8	7.7	7.0
2016	6.7	9.0	6.8	7.5	6.9
2017	6.7	3.6	6.7	5.7	7.0
2018	6.6	3.6	6.6	5.6	6.8
2019	6.2	4.8	6.8	5.9	6.0

表 4 京津冀三地 SO$_2$ 和 PM$_{2.5}$ 情况表

年份	北京				天津				河北		
	人均 SO$_2$ 排放（千克/人）	SO$_2$ 排放（吨）	PM$_{2.5}$（微克/立方米）		人均 SO$_2$ 排放（千克/人）	SO$_2$ 排放（吨）	PM$_{2.5}$（微克/立方米）	人均 SO$_2$ 排放（千克/人）	SO$_2$ 排放（吨）	PM$_{2.5}$（微克/立方米）	
2001	17.82	201000.00	38.87	26.61	268000.00	63.32	19.24	1289000.00	40.97		
2002	16.80	192000.00	34.49	23.24	235000.00	55.31	18.99	1279000.00	36.67		
2003	15.86	183000.00	42.38	25.29	259000.00	64.85	21.01	1422000.00	45.94		
2004	16.36	191000.00	39.50	21.76	227000.00	58.45	20.97	1428000.00	39.48		
2005	16.05	190000.00	39.35	24.65	265000.00	66.17	21.82	1495000.00	43.50		
2006	14.67	176000.00	50.81	22.87	255000.00	81.93	22.40	1545000.00	55.91		
2007	12.47	151661.15	48.21	20.81	244700.00	74.84	21.50	1492479.99	53.15		
2008	9.98	123000.00	47.35	19.55	240100.00	74.95	19.24	1345000.00	48.44		
2009	9.52	118793.86	48.59	18.22	236699.81	78.14	17.82	1253463.29	50.47		
2010	9.15	115050.00	43.02	17.54	235150.00	70.81	17.15	1233780.00	46.22		
2011	7.66	97883.33	48.06	16.76	230900.00	71.88	19.53	1412128.73	47.30		
2012	7.23	93849.39	41.55	15.92	224521.40	62.03	18.47	1341201.15	44.26		
2013	6.61	87041.62	50.00	15.17	216832.07	81.79	17.63	1284697.46	54.07		
2014	5.92	78906.03	44.06	14.54	209200.00	71.47	16.25	1189902.56	47.35		
2015	5.29	71171.67	48.46	12.88	185900.43	74.82	15.09	1108370.93	48.92		
2016	1.10	15000.00	45.00	1.89	26700.00	70.79	7.48	551800.00	49.32		
2017	0.48	6500.00	57.40	1.81	25100.00	61.83	5.85	433100.00	64.13		
2018	0.20	2700.00	51.00	1.37	19000.00	52.00	4.62	343200.00	56.00		
2019	0.14	1900.00	42.00	1.28	17800.00	51.00	3.85	286938.00	50.20		

表 5 京津冀三地能源消费总量、增速及强度表

年份	河北			天津			北京		
	能源消耗（万吨）	能源消费增速（%）	能耗强度（吨/万元）	能源消耗（万吨标准煤）	能源消费增速（%）	能耗强度（吨/万元）	能源消耗（万吨标准煤）	能源消费增速（%）	能耗强度（吨/万元）
2001	12114.29	8.20	2.20	2724.32	6.69	1.42	4229.20	4.89	1.15
2002	13404.53	10.65	2.23	2966.56	8.89	1.38	4436.10	4.78	1.08
2003	15297.89	14.12	2.21	3017.40	1.71	1.17	4648.20	10.57	1.02
2004	17347.79	13.40	2.04	3391.92	12.41	1.09	5139.60	7.44	1.00
2005	19835.99	14.34	1.97	3496.31	3.08	0.90	5521.90	6.92	0.87
2006	21794.09	9.87	1.89	3870.90	10.71	0.87	5904.10	6.45	0.67
2007	23585.13	8.22	1.73	4213.73	8.86	0.80	6285.00	0.67	0.62
2008	24321.87	3.12	1.51	4606.24	9.32	0.69	6327.00	3.84	0.58
2009	25418.79	4.51	1.47	5023.03	9.05	0.67	6570.00	-3.20	0.54
2010	26201.41	3.08	1.28	5860.20	16.67	0.64	6359.49	0.59	0.52
2011	28075.03	7.15	1.14	6551.11	11.79	0.58	6397.30	2.61	0.40
2012	28762.47	2.45	1.08	7054.97	7.69	0.55	6564.10	2.43	0.38
2013	29664.38	3.14	1.04	7694.82	9.07	0.52	6723.90	1.60	0.36
2014	29320.21	-1.16	1.00	7954.99	3.38	0.50	6831.23	-0.42	0.34
2015	29395.36	0.26	0.99	8078.04	1.55	0.48	6802.79	1.67	0.32
2016	29794.40	1.36	0.94	7875.03	-2.51	0.44	6916.72	2.48	0.26
2017	30385.88	1.99	0.89	7687.85	-2.38	0.41	7088.33	2.56	0.25
2018	32185.00	5.92	0.89	7917.81	2.99	0.42	7269.76	1.25	0.24
2019	32545.00	1.12	1.00	7360.00	-7.05	0.52	7360.32	1.25	0.23